현대수학의 소개

김성권 · 김성학 · 김필수 · 문성환 · 박종육
배용주 · 서애령 · 양승엽 · 오제한 · 이민기
임정욱 · Mark Siggers 지음

KM 경문사

서문

본 교재는 경북대학교 (수학과) 1학년생을 대상으로 수학과 교수님들이 한 주에 한 분씩 본인의 연구 분야를 설명하는 '현대수학의 소개' 라는 수업의 (보충)자료로 쓰였습니다.

수학과에 입학하는 학생을 포함하여, 대학교 신입생들이 현대수학의 다양한 분과를 접하기는 쉽지 않습니다. 현대수학의 소개 과목은 학생들에게 현대수학의 다양한 주제 및 분야별 교수를 소개하기 위해 마련되었습니다.

수학에서 다루는 부분이 계속적으로 증가하고 새로운 수학 분야가 개척되고 있기 때문에 현대수학 전 영역을 완벽히 조감하는 책은 없을 것이라 사료됩니다. 본 교재에 수록된 주제들 역시 현대수학의 모든 내용을 아우르는 것은 아니며, 수학에 입문하는 학생들 모두에게 긴요한 토픽은 아니라는 점도 밝혀둡니다. 하지만 저자들이 다루는 범위는 대다수 대학에서 학생들이 접할 수 있는 대표적인 것이라 판단되고, 이러한 주제는 고전적인 수학의 여러 범주와도 관련됩니다. 따라서 본서가 초보 수학자들이 현대수학의 근황을 파악하도록 안내하는 적절한 방안이 될 것이라 생각합니다.

장별 구성은 해당 장의 내용과 집필하신 교수님에 따라 자유롭지만, 각 장의 논의를 세분화하여 학생들이 거부감을 느끼지 않고 특정 계산 또는 증명을 이해하게끔 하였습니다. 또한 고전적인 이론, 근본적인 문제, 최신 경향 등을 강조하여 본 교재에서 개관한 내용을 활용할 수 있도록 하였습니다.

차 례

제 I 편

Pure Mathematics

CHAPTER 1

Algebra

(임정욱)

Introduction

집합 위에 연산을 정의한 후 그 연산의 성질을 연구하는 학문을 대수학이라 한다. 대수학에서는 연산이 가지는 최소한의 조건들로부터 다양한 성질을 연구한다. 연구 대상은 연산의 개수에 따라 군, 환, 체, 가군 등으로 나누어진다. 대수적 기하학, 대수적 위상수학 등 현대수학의 많은 분야가 대수학을 바탕으로 연구되어 질 만큼 대수학은 수학의 핵심 분야 중 하나이다.

1.1 이항연산

대수학 (algebra)은 집합 위에서 정의된 연산의 성질을 연구하는 학문이다. 이번 단원에서는 이항연산에 대하여 살펴보고자 한다.

Definition 1.1.1. 집합 S 위에서의 이항연산 (binary operation) $*$는 $S \times S$의 원소를 S의 원소를 대응하는 함수를 뜻한다. 또한 각각의 $(a, b) \in S \times S$에 대하여 $*((a, b))$를 $a * b$로 표현한다.

집합 S에서의 이항연산은 집합 S에서의 순서쌍을 집합 S의 원소로 대응하는 방법이고, 이 조건을 닫혀있다(closed)라고 한다.

Example 1.1.2. 정수 집합에서의 $+$는 이항연산이다.

Definition 1.1.3. $*$를 집합 S 위에서의 이항연산이라 하자.

(1) 집합 S의 모든 원소 a, b, c에 대하여 $a * (b * c) = (a * b) * c$가 성립할 때, $*$는 결합적 (associative)라 한다.

(2) 집합 S의 모든 원소 a, b, c에 대하여 $a * b = b * a$가 성립할 때, $*$는 가환 (commutative)이라 한다.

(3) 집합 S의 모든 원소 a에 대하여 $a * e = e * a = a$를 만족하는 원소 e가 집합 S에 존재할 때, e를 항등원 (identity)이라 한다.

(4) 집합 S의 원소 a에 대하여 S의 원소 b가 존재하여 $a * b = b * a = e$가 성립할 때, b를 a의 역원 (inverse)라 한다.

Example 1.1.4. (1) 자연수의 집합에서 이항연산 $*$를 $a * b = \min(a, b)$와 같이 정의할 때, $*$는 결합적이고 가환이다.

(2) 자연수의 집합에서 이항연산 $*$를 $a * b = \min(a, b) + 2$와 같이 정의할 때, $*$는 가환이지만 결합적이지 않다.

(3) 정수 집합에서 0은 $+$ 연산에 대한 항등원이고, 1은 $\times$ 연산에 대한 항등원이다.

(4) 실수 집합에서 8의 $+$ 연산에 대한 역원은 -8이고, $\times$ 연산에 대한 역원은 $\frac{1}{8}$이다. 하지만 정수 집합에서 8의 $\times$에 대한 역원은 존재하지 않는다.

1.2 군

이번 단원에서는 하나의 이항연산으로 정의된 대수적 구조체인 군에 대하여 살펴보고자 한다.

1.2.1 군의 정의 및 기본 성질

Definition 1.2.1. 이항연산 $*$를 가진 집합 G가 다음의 세 가지 조건을 만족할 때, $(G, *)$를 군 (group)이라 한다.

(1) G의 모든 원소 a, b, c에 대하여 $(a * b) * c = a * (b * c)$가 성립한다. ($*$의 결합성)

(2) G의 원소 e가 존재하여 G의 모든 원소 a에 대하여 $a * e = e * a = a$가 성립한다. (항등원)

(3) G의 각 원소 a에 대하여 원소 b가 집합 G에 존재하여 $a * b = b * a = e$가 성립한다. (역원)

Definition 1.2.2. 군 $(G, *)$의 모든 원소 a, b에 대하여 $a * b = b * a$가 성립할 때, G를 아벨군 (abelian group)이라 한다.

Example 1.2.3. (1) 양의 정수의 집합 $\mathbb{N}$은 $+$에 대하여 군이 아니다.

(2) 정수의 집합 $\mathbb{Z}$, 유리수의 집합 $\mathbb{Q}$, 실수의 집합 $\mathbb{R}$은 $+$에 대하여 아벨군이다.

(3) 0이 아닌 정수의 집합은 군이 아니지만 0이 아닌 유리수의 집합은 아벨군이다.

(4) 2×2 가역행렬의 집합은 $\times$에 대하여 군이지만 아벨군은 아니다.

Theorem 1.2.4. $(G, *)$를 군이라 하자.

(1) 군 G의 항등원은 유일하다.

(2) 군 G의 임의의 원소 a에 대하여 역원은 유일하다. a의 역원을 a^{-1}라 표시한다.

1.2.2 부분군

Definition 1.2.5. 군 G의 부분집합 H가 G의 이항연산에 대하여 군이 되면 H를 G의 부분군 (subgroup)이라 한다.

Example 1.2.6. (1) G가 군일 때, G와 $\{e\}$는 G의 부분군이다.

(2) 양의 유리수의 군은 양의 실수의 군의 부분군이다.

(3) G가 군이고 a가 G의 원소일 때, $\langle a \rangle = \{a^n \mid n \in \mathbb{Z}\}$는 G의 부분군이다. 이때, a를 G의 부분군 $\langle a \rangle$의 생성원 (generator)이라 한다.

Theorem 1.2.7. H를 군 G의 공집합이 아닌 부분집합이라 하자. H의 임의의 원소 a, b에 대하여 $ab \in H$이고 H의 임의의 원소 a에 대하여 $a^{-1} \in H$이면 H는 G의 부분군이다.

1.2.3 순환군

Definition 1.2.8. G를 군이라 하자.

(1) G의 원소 a에 대하여 $\langle a \rangle$를 a로 생성된 G의 순환군 (cyclic group)이라 한다.

(2) G의 적당한 원소 a에 대하여 $G = \langle a \rangle$일 때, G를 순환군이라 하고, a를 생성원이라 한다.

Example 1.2.9. (1) $\mathbb{Z} = \langle 1 \rangle$이므로 $\mathbb{Z}$는 순환군이다.

(2) 자연수 n에 대하여 $U_n = \{z \in \mathbb{C} \mid z^n = 1\}$라 두면

$$U_n = \left\langle \cos\frac{2\pi}{n} + i\sin\frac{2\pi}{n} \right\rangle$$

이므로 U_n은 순환군이다.

Theorem 1.2.10. 모든 순환군은 아벨군이다.

Example 1.2.11. $V = \{e, a, b, c\}$라 하자. e는 항등원, $a^2 = b^2 = c^2 = e$, $ab = ba = c, ac = ca = b, bc = cb = a$라 정의하면 V는 아벨군이지만 순환군은 되지 않는다. 이러한 군 V를 클라인 4-군 (Klein 4-group)이라 한다.

Theorem 1.2.12. 순환군의 모든 부분군은 순환군이다.

1.2.4 치환군

Definition 1.2.13. 집합 A 위에서 전단사함수를 집합 A의 치환 (permutation)이라 한다. 합성함수 여산에 의해 군이 되는 A의 치환들의 모임을 A의 치환군 (permutation group)이라 하고 S_A로 표시한다. 만약 A의 원소개의 개수가 n일 때, S_A 대신 S_n으로 표시한다.

Theorem 1.2.14. 유한집합의 모든 치환은 순환치환 또는 서로소인 순환치환의 곱으로 표현할 수 있다.

Definition 1.2.15. 짝수개의 순환치환의 곱으로 표현되는 치환을 우치환 (even permutation)이라 하고, 홀수개의 순환치환의 곱으로 표현되는 치환을 기치환 (odd permutation)이라 한다.

Theorem 1.2.16. S_n에서 우치환 전체집합은 S_n의 부분군이다.

Theorem 1.2.17. n개의 원소를 갖는 집합의 우치환 전체집합의 군을 A_n으로 표시하고, n차원 교대군 (alternating group of degree n)이라 한다.

1.2.5 동형사상

Definition 1.2.18. G와 H가 군일 때, 함수 $\phi : G \to H$가 G의 모든 원소 a, b에 대하여 $\phi(ab) = \phi(a)\phi(b)$를 만족할 때, ϕ를 준동형사상 (homomorphism)이라 한다.

Example 1.2.19. (1) $F = \{f \,|\, f : \mathbb{R} \to \mathbb{R}$는 함수$\}$이고 $c \in \mathbb{R}$일 때, $\phi(f) = f(c)$로 정의된 함수 $\phi_c : F \to \mathbb{R}$는 준동형사상이다.

(2) $GL_n(\mathbb{R})$을 실수 성분을 가지는 $n \times n$ 가역행렬의 군이라 할 때, $\phi(A) = \det(A)$로 정의된 함수 $\phi : GL_n(\mathbb{R}) \to \mathbb{R} \setminus \{0\}$는 준동형사상이다.

Definition 1.2.20. 준동형사상 $\phi : G \to H$가 전단사함수일 때, ϕ를 동형사상 (isomorphism)이라 한다.

Example 1.2.21. $\phi(k) = cos\frac{2k\pi}{n} + isin\frac{2k\pi}{n}$으로 정의된 함수 $\phi : \mathbb{Z}_n \to U_n$는 동형사상이다.

Theorem 1.2.22. (순환군의 분류)

(1) G가 무한 순환군이면 $\phi : G \to \mathbb{Z}$인 동형사상 ϕ가 존재한다.

(2) G가 원소의 개수가 n인 순환군이면 $\phi : G \to \mathbb{Z}_n$인 동형사상 ϕ가 존재한다.

Theorem 1.2.23. (케일리 정리 (Cayley theorem)) 모든 군은 치환들의 한 군과 동형이다.

1.2.6 Lagrange theorem

Definition 1.2.24. 군 G의 원소의 개수를 G의 위수 (order)라 한다.

Theorem 1.2.25. (Lagrange theorem) 만약 H가 유한군 G의 부분군이면 H의 위수는 G의 위수를 나눈다.

Corollary 1.2.26. 군의 위수가 소수이면 그 군은 반드시 순환군이다.

1.3 환

이번 단원에서는 두 개의 이항연산으로 이루어진 대수적 구조체인 환에 대하여 살펴보고자 한다.

1.3.1 환의 정의 및 기본성질

Definition 1.3.1. 공집합이 아닌 집합 R 위에 두 이항연산, 덧셈 ($a+b$로 표현)과 곱셈 (ab로 표현)이 정의되어 있고, R의 임의의 원소 a, b, c에 대해 다음이 성립할 때 $(R, +, \cdot)$을 환 (ring)이라 한다.

(1) $(R, +)$은 아벨군이다.

(2) $a(bc) = (ab)c$가 성립한다. $(\cdot)$의 결합성

(3) $a(b+c) = ab+ac$이고 $(a+b)c = ac+bc$가 성립한다. (분배법칙 (distributive law))

Definition 1.3.2. $(R, +, \cdot)$을 환이라 하자.

(1) R의 임의의 원소 a, b에 대해 $ab = ba$가 성립할 때, R을 가환환 (commutative ring)이라 한다.

(2) R의 원소 1이 존재하여 R의 모든 원소 a에 대하여 $a \cdot 1 = a = 1 \cdot a$가 성립될 때, 1을 R의 단위원 (identity, 또는 unity)라 하고, R은 항등원을 갖는 환이라 한다.

Example 1.3.3. (1) $(\mathbb{Z}, +, \cdot)$, $(\mathbb{Q}, +, \cdot)$은 항등원을 갖는 가환환이다.

(2) 2 이상의 자연수 n에 대하여 $\mathrm{Mat}_n(\mathbb{R})$을 실수 성분을 갖는 $n \times n$ 행렬의 집합이라 하면 $\mathrm{Mat}_n(\mathbb{R})$은 항등원을 갖는 비가환환이다.

(3) 짝수의 집합 $2\mathbb{Z}$는 항등원을 갖지 않는 가환환이다.

(4) 환 R에 대하여 R의 원소를 계수로 하는 다항식의 집합을 $R[X]$라 하면 $(R[X], +, \cdot)$은 환이다. 이 때, $R[X]$을 R 위에서의 다항식환 (polynomial ring)이라 한다. 만약 R이 가환이면 $R[X]$도 가환이고, R이 단위원을 가지면 $R[X]$도 단위원을 가진다.

1.3.2 정역

Definition 1.3.4. 가환환 R에서 0이 아닌 원소 a를 영인자 (zero-divisor)라 함은 R에 0이 아닌 원소 b가 존재하여 $ab = 0$이 성립하는 것을 말한다.

Definition 1.3.5. 단위원을 갖는 가환환이 영인자를 갖지 않을 때, R을 정역 (integral domain)이라 한다.

Example 1.3.6. (1) 정수환은 정역이다.

(2) $\mathbb{Z}[i] = \{a+bi \mid a, b \in \mathbb{Z}\}$은 정역이다. ($\mathbb{Z}[i]$는 가우스정수환 (ring of Gaussian integers)이라 불린다.)

(3) $\mathbb{Z}_n$이 정역이 될 동치조건은 n이 소수인 것이다.

Definition 1.3.7. 정역 R의 0이 아닌 모든 원소가 곱셈에 대한 역원을 가질 때, R을 체 (field)라 한다. 이 때, 곱셈에 대한 역원을 가지는 원소를 단원 (unit)이라 한다.

Remark 1.3.8. (1) 정의에 의해 모든 체는 정역이다.

(2) $\mathbb{Z}$는 정역이지만 체가 아니다.

Theorem 1.3.9. 유한 정역은 체이다.

1.3.3 동형사상과 아이디얼

Definition 1.3.10. R과 S를 환이라 할 때 다음 두 조건을 만족하는 함수 ϕ를 준동형사상 (homomorphism)이라 한다.

(1) R의 모든 원소 a, b에 대하여 $\phi(a+b) = \phi(a) + \phi(b)$이다.

(2) R의 모든 원소 a, b에 대하여 $\phi(ab) = \phi(a)\phi(b)$이다.

Definition 1.3.11. 준동형사상 $\phi : R \to S$가 전단사함수일 때, ϕ를 동형사상 (isomorphism)이라 한다.

Definition 1.3.12. (1) 환 R의 공집합이 아닌 부분집합 I가 R의 연산에 대하여 환이 될 때, I를 R의 부분환 (subring)이라 한다.

(2) 환 R의 부분환 I가 R의 아이디얼 (ideal)이라 함은 임의의 $r \in R$와 $a \in I$에 대하여 $ra \in I$와 $ar \in I$가 성립함을 말한다.

Example 1.3.13. (1) 환 R에서 $\{0\}$과 R은 항상 R의 아이디얼이다. $I \neq R$인 아이디얼 I를 R의 진아이디얼 (proper ideal)이라 한다.

(2) 임의의 양의 정수 n에 대하여 $n\mathbb{Z}$는 $\mathbb{Z}$의 아이디얼이다.

(3) 단위원을 갖는 가환환 R의 한 원소 a에 대하여 $(a) = \{ra \mid r \in R\}$은 R의 아이디얼이고, 이를 a로 생성된 주아이디얼 (principal ideal generated by a)이라 한다.

Theorem 1.3.14. 단위원을 갖는 가환환 R의 아이디얼 I가 단원을 포함하면 $I = R$이다.

Definition 1.3.15. (1) 가환환 R의 진아이디얼 P에 대하여 $ab \in P$이면 $a \in P$이거나 $b \in P$일 때, P를 R의 소아이디얼 (prime ideal)이라 한다.

(2) 가환환 R의 진아이디얼 M에 대하여 R의 아이디얼 N이 $M \subseteq N \subseteq R$이면 $M = N$이거나 $N = R$이 성립할 때, M을 R의 극대아이디얼 (maximal ideal)이라 한다.

Example 1.3.16. (1) n이 1보다 큰 정수일 때, $n\mathbb{Z}$가 $\mathbb{Z}$의 소아이디얼이 될 동치조건은 n이 소수인 것이다.

(2) $\mathbb{Z}_2[X]$에서 (X^2+1)은 소아이디얼이 아니다.

Theorem 1.3.17. 단위원을 갖는 가환환은 항상 극대아이디얼을 가진다.

Theorem 1.3.18. 단위원을 갖는 가환환 R의 모든 극대아이디얼은 소아이디얼이다.

Example 1.3.19. $\mathbb{Z}$에서 (0)은 소아이디얼이지만 극대아이디얼은 아니다.

1.3.4 다항식환

Theorem 1.3.20. R이 정역이면 $R[X]$도 정역이다.

Theorem 1.3.21. 만약 F가 체이면 $F[X]$의 모든 아이디얼은 주아이디얼이다.

Definition 1.3.22. F가 체일 때, 상수가 아닌 $f(X) \in F[X]$가 F 위에서 기약 (irreducible) (또는 $F[X]$ 위에서 기약다항식 (irreducible polynomial))이라 함은 $f(X)$가 $f(X)$보다 낮는 차수의 다항식 $g(X), h(X)$의 곱 $g(X)h(X)$로 표현될 수 없는 것이다.

Theorem 1.3.23. F가 체일 때, 아이디얼 $(f(X)) \neq (0)$가 $F[X]$의 극대아이디얼이 될 동치조건은 $f(X)$가 F 위에서 기약인 것이다.

Theorem 1.3.24. (나눗셈 알고리즘 (Division algorithm)) F가 체이고, $f(X), g(X) \in F[X]$, $g(X) \neq 0$이면 $F[X]$에 유일한 다항식 $q(X), r(X)$가 존재하여 $f(X) = g(X)q(X) + r(X)$가 성립하고 $r(X) = 0$이거나 $r(X)$의 차수가 $g(X)$의 차수보다 작다.

Theorem 1.3.25. (Eisenstein criterion) p를 소수라 하자. 만약 $f(X) = a_nX^n + \cdots + a_0 \in \mathbb{Z}[X]$에 대하여 $a_n \not\equiv 0 \pmod{p}$이고 n보다 작은 모든 음이 아닌 정수 i에 대하여 $a_0 = 0 \pmod{p}$이지만 $a_0 \not\equiv 0 \pmod{p^2}$이면 $f(X)$는 $\mathbb{Q}$에서 기약이다.

1.3.5 주아이디얼 정역과 유일한 인수분해 정역

Definition 1.3.26. 정역 R에서 임의의 아이디얼이 (a) 꼴로 나타날 때, R을 주아이디얼 정역 (principal ideal domain)이라고 한다.

Example 1.3.27. (1) $\mathbb{Z}$는 주아이디얼 정역이다.

(2) F가 체일 때 다항식환 $F[X]$는 주아이디얼 정역이다.

Definition 1.3.28. R을 단위원을 갖는 가환환이라 하고 $a, b \in R$이라 하자.

(1) 만약 $b = ac$인 R의 원소 c가 존재할 때, a는 b를 나눈다고 한다.

(2) R의 단원 u가 존재하여 $a = bu$가 성립할 때, a와 b는 동반원 (associates)이라 한다.

Definition 1.3.29. (1) 0이 아닌정역 R의 원소 a가 기약원 (irreducible)이라는 것은 a가 단원이 아니고, $b, c \in D$이고 $a = bc$이면 b 또는 c가 단원이 될 때를 말한다.

(2) 0이 아닌 정역 R의 원소 a가 소원 (prime)이라는 것은 a가 단원이 아니고, a가 bc를 나눌 때, a가 b를 나누거나 a가 c를 나누는 것을 말한다. (단, $b, c \in R$)

Theorem 1.3.30. 정역에서 모든 소원은 기약이다.

Definition 1.3.31. 정역 R이 다음 두 조건을 만족할 때, R을 유일한 인수분해 정역 (unique factorization domain)이라 한다.

(1) 0이 아닌 R의 임의의 원소가 단원이 아니고, R의 기약원들의 곱으로 표현된다.

(2) 기약원에 의한 인수분해는 동반원과 곱의 순서에 관계하지 않고 그 표현이 유일하다.

Example 1.3.32. (1) $\mathbb{Z}$는 유일한 인수분해 정역이다.

(2) $\mathbb{Z}[X]$는 유일한 인수분해 정역이다.

(3) $\mathbb{Q}[X]$는 유일한 인수분해 정역이다.

Theorem 1.3.33. 모든 주아이디얼 정역은 유일한 인수분해 정역이다.

Remark 1.3.34. 주아이디얼 정역이 아닌 유일한 인수분해 정역이 존재한다. 예를 들면 $\mathbb{Z}[X]$는 유일한 인수분해 정역이지만 주아이디얼 정역이 아니다.

Theorem 1.3.35. R이 유일한 인수분해 정역이면 다항식환 $R[X]$도 유일한 인수분해 정역이다.

1.3.6 뇌터환

Definition 1.3.36. (1) 단위원을 가지는 가환환 R의 아이디얼 I에 대하여 유한 개의 원소 $a_1, \ldots, a_n \in I$가 존재하여 I의 모든 원소 b가 $b = r_1 a_1 + \cdots + r_n a_n$이 되는 R의 원소 $r_1, \ldots, r_n$이 존재할 때, I는 R의 유한생성 아이디얼 (finitely generated ideal)이라 한다. 기호로 $I = (a_1, \ldots, a_n)$으로 표현한다.

(2) 단위원을 가지는 가환환 R의 모든 아이디얼이 유한생성일 때, R을 뇌터환 (Noetherian ring)이라 한다.

Theorem 1.3.37. 가환환 R에 대하여 다음의 명제는 동치이다.

(1) R은 뇌터환이다.

(2) $\mathcal{F}$를 R의 아이디얼 집합이라 할 때, $\mathcal{F}$의 공집합이 아닌 모든 부분집합은 최대원소를 가진다.

(3) $I_1 \subseteq I_2 \subseteq \cdots$를 R의 아이디얼의 사슬이라 할 때, 이 사슬은 유한단계에서 멈춘다. 즉, 양의 정수 n이 존재하여 모든 정수 $m \geq n$에 대하여 $I_m = I_n$이다.

Theorem 1.3.38. (Cohen) 단위원을 가지는 가환환 R의 모든 소아이디얼이 유한생성이면 R은 뇌터환이다.

Theorem 1.3.39. (힐버트 기저 정리 (Hilbert basis theorem)) R이 뇌터환이면 다항식환 $R[X]$도 뇌터환이다.

Definition 1.3.40. R을 환이라 할 때, R의 원소를 계수로 갖는 멱급수의 집합 $R[\![X]\!]$는 환이 되고, 이를 멱급수환 (power series ring)이라 한다.

Remark 1.3.41. R이 가환이면 $R[\![X]\!]$도 가환이고, R이 단위원을 가지면 $R[\![X]\!]$도 단위원을 가진다. 또한 $R[X]$는 $R[\![X]\!]$의 부분환이다.

Theorem 1.3.42. R이 뇌터환이면 멱급수환 $R[\![X]\!]$도 뇌터환이다.

CHAPTER 2

Functional Analysis

(Sung Guen Kim)

Introduction

The basic and fundamental topics that we study in functional analysis are the geometry of Banach spaces and the theory of linear and nonlinear functions defined on Banach spaces. This point of view can be seen arising in, and becoming central in, many fields of mathematics, such as linear algebra, vector analysis, geometry, and topology. It plays now an important role in calculus, measure theory, and probability. Many ideas of functional analysis first seem to have arisen in physics with Volterra in the late 19th century and then to have later been formulated and refined by such mathematicians as David Hilbert and Stephan Banach. The subject we like to start with is Banach spaces: complete normed vector spaces over the real or complex numbers.

2.1 Normed Spaces

The goal of this lecture is to introduce the theory of normed spaces that are important in functional analysis and to present some examples of Banach spaces.

A metric space (M, d) is a set M with a function $d : M \times M \to \mathbb{R}$ called a *metric* satisfying the following:

(M1) $d(x, y) \geq 0$ for all $x, y \in M$ (nonnegativity),

(M2) $d(x, y) = 0$ if and only if $x = y$ (non degeneracy),

(M3) $d(x, y) = d(y, x)$ for all $x, y \in M$ (symmetry),

(M4) $d(x, y) \geq d(x, z) + d(z, y)$ for all $x, y, z \in M$ (triangle inequality).

Example 2.1.1. For $x = (x_1, \ldots, x_n), x = (y_1, \ldots, y_n) \in \mathbb{R}^n$ for $n \geq 1$, define $d(x, y) := \sqrt{\sum_{1 \leq j \leq n}(x_j - y_j)^2}$. Then $(\mathbb{R}^n, d)$ is a metric space. We call $(\mathbb{R}^n, d)$ the Euclidean metric space.

In order to show that d is a metric, it is enough to show the triangle inequality. We need the Lagrange identity:

$$
\begin{aligned}
& (\sum_{1\leq j\leq n} x_j^2)(\sum_{1\leq j\leq n} y_j^2) - (\sum_{1\leq j\leq n} x_j\, y_j)^2 \\
= \ & (x_1^2 + \cdots + x_n^2)(y_1^2 + \cdots + y_n^2) - (x_1y_1 + \cdots + x_ny_n)^2 \\
= \ & \sum_{1\leq r<s\leq n} (x_r^2 y_s^2 + x_s^2 y_r^2 - [(x_ry_r)(x_sy_s) + (x_sy_s)(x_ry_r)]) \\
= \ & \sum_{1\leq r<s\leq n} ((x_ry_s)^2 + (x_sy_r)^2 - 2(x_ry_s)(x_sy_r)) \\
= \ & \sum_{1\leq r<s\leq n} (x_ry_s - x_sy_r)^2. \qquad \square
\end{aligned}
$$

Example 2.1.2. Let $M := \{(x_1, x_2, x_3) : x_j \in \{0,1\}, j = 1,2,3\}$. For $x = (x_1, x_2, x_3), x = (y_1, y_2, y_3) \in M$, define $d_H(x,y)$ by the number of places where x and y have different entries. For examples,

$$d_H((1,1,0),(1,0,0)) = 1, \ d_H((1,0,1),(0,1,0)) = 3.$$

We call d_H the Hamming distance on M.

In order to show that d_H is a metric, it is enough to show the triangle inequality.

Claim. We claim $d_H(x,y) \le d_H(x,z) + d_H(z,y)$ for all $x, y, z \in M$.

Proof If not, then $d_H(x,y) > d_H(x,z) + d_H(z,y)$ for some $x = (x_1, x_2, x_3), y = (y_1, y_2, y_3), z = (z_1, z_2, z_3) \in M$.

Case 1: $d_H(x,y) = 1$.

Then, $d_H(x,z) = 0 = d_H(z,y)$. Hence, $x = z = y$, which implies that $d(x,y) = 0$, which is a contradiction.

Case 2: $d_H(x,y) = 2$.

Then, $d_H(x,z) + d_H(z,y) = 0$ or 1. If $d_H(x,z) + d_H(z,y) = 0$, then $d_H(x,y) = 0$, a contradiction. Suppose that $d_H(x,z) + d_H(z,y) = 1$. Then, $d_H(x,z) = 0$ or $d_H(z,y) = 0$. Hence, $x = z$ or $z = y$. Since $d_H(x,y) = 2$, there is $j_0 \in \{1,2,3\}$ such that $x_{j_0} = y_{j_0}$ and $x_j = y_j$ for all $j \ne j_0$.

If $x = z$, then $y_{j_0} = x_{j_0} = z_{j_0}$ and $y_j \ne x_j = z_j$ for all $j \ne j_0$. Hence, $d_H(y,z) = 2$, which shows that

$$2 = d_H(x,y) > d_H(x,z) + d_H(z,y) = 2.$$

This is a contradiction. If $z = y$, then $x_{j_0} = y_{j_0} = z_{j_0}$ and $x_j \ne y_j = z_j$ for all $j \ne j_0$. Hence, $d_H(x,z) = 2$, which shows that

$$2 = d_H(x,y) > d_H(x,z) + d_H(z,y) = 2.$$

This is a contradiction.

Case 3: $d_H(x, y) = 3$.

Notice that $d_H(x, z) = 1 = d_H(z, y)$. If $d_H(x, z) = 1$, then there is $i_0 \in \{1, 2, 3\}$ such that $x_{i_0} \neq z_{i_0}$ and $x_j = z_j$ for all $j \neq i_0$. Since $d_H(x, y) = 3$, $z_j = x_j \neq y_j$ for all $j \neq i_0$. Hence, $d_H(z, y) \geq 2$. It follows that

$$3 = d_H(x, y) > d_H(x, z) + d_H(z, y) \geq 1 + 2 = 3.$$

This is a contradiction. If $d_H(z, y) = 1$, by symmetry, we conclude a contradiction. Therefore, the triangle inequality holds for d_H. □

A *normed linear space* $(X, \|\cdot\|)$ is a linear space X with a function $\|\cdot\| : X \to \mathbb{R}$ called a *norm* satisfying the following:

(N1) $\|x\| \geq 0$ for all $x \in X$ (nonnegativity),

(N2) $\|x\| = 0$ if and only if $x = 0$ (non degeneracy),

(N3) $\|\lambda x\| = |\lambda| \cdot \|x\|$ for all $x \in X$ and $\lambda \in \mathbb{R}$ (multiplicativity),

(N4) $\|x + y\| \leq \|x\| + \|y\|$ for all $x, y \in X$ (triangle inequality).

Example 2.1.3.

(1) $X = \mathbb{C}^n$ with $\|(x_1, \ldots, x_n)\|_2 := \sqrt{|x_1|^2 + \cdots + |x_n|^2}$. By the Lagrange identity, $\|\cdot\|_2$ is a norm on $\mathbb{C}^n$. We call $\|\cdot\|_2$ the Euclidean norm on $\mathbb{C}^n$.

(2) Let $1 \leq p < \infty$ and $X = \mathbb{C}^n$ with $\|(x_1, \ldots, x_n)\|_p := (|x_1|^p + \cdots + |x_n|^p)^{\frac{1}{p}}$. Later, using Holder's and Minkowski's inequalities, we will prove that $|\cdot\|_p$ is a norm on $\mathbb{C}^n$. $\|\cdot\|_p$ is called the l_p-norm on $\mathbb{C}^n$.

(3) Let $X = \mathbb{C}^n$ with $\|(x_1, \ldots, x_n)\|_\infty := \max\{|x_1|, \cdots, |x_n|\}$. It is easy to show that $\|\cdot\|_\infty$ is a norm on $\mathbb{C}^n$. $\|\cdot\|_\infty$ is called the l_∞-norm on $\mathbb{C}^n$.

(4) Let $S := \{(x_j)_{j\in\mathbb{N}} : (x_j)_{j\in\mathbb{N}}$ is a bounded sequence in $\mathbb{C}\}$. For $x = (x_j)_{j\in\mathbb{N}}$, define

$$\|x\| := \sum_{j=1}^{\infty} \frac{1}{2^j}|x_j|.$$

It is not difficult to show that it is a norm on S.

Theorem 2.1.4. If $x = (x_1, \ldots, x_n) \in \mathbb{C}^n$, then

$$\|x\|_2 = \sup\{|\sum_{1\le j\le n} a_j x_j| : a = (a_1, \ldots, a_n) \in \mathbb{C}^n, \|a\|_2 = 1\}.$$

Proof Let

$$M := \sup\{|\sum_{1\le j\le n} a_j x_j| : a = (a_1, \ldots, a_n) \in \mathbb{C}^n, \|a\|_2 = 1\}.$$

By the Lagrange identity, $M \le \|x\|_2$. Without loss of generality we may assume that $x \ne 0$. Let

$$a := (\frac{\overline{x_1}}{\|x\|_2}, \ldots, \frac{\overline{x_n}}{\|x\|_2}).$$

Then, $\|a\|_2 = 1$. It follows that

$$M \ge |\sum_{1\le j\le n} a_j x_j| = |\sum_{1\le j\le n} (\frac{\overline{x_j}}{\|x\|_2}) x_j| = \|x\|_2.$$

Therefore, $M = \|x\|_2$. □

A sequence $(x_n)_{n\in\mathbb{N}}$ in $(X, \|\cdot\|)$ *converges* to $x \in X$ if for each $\epsilon > 0$, there is $N \in \mathbb{N}$ such that $\|x_n - x\| < \epsilon$ for all $n \ge N$. In this case, we denote by $\lim_{n\to\infty} x_n = x$ or $x_n \to x$ as $n \to \infty$. A function $f : (X, \|\cdot\|) \to (Y, \|\cdot\|')$ is *continuous* at $x_0 \in X$ if given any $\epsilon > 0$, there is $\delta > 0$ such that if $x \in X$ and $\|x - x_0\| < \delta$ then $\|f(x) - f(x_0)\|' < \epsilon$.

Theorem 2.1.5. Let $(X, \|\cdot\|)$ is a normed linear space. Then, $\|\cdot\|$ is continuous on X.

Proof Let $x_0 \in X$ and $(x_n)_{n\in\mathbb{N}}$ a sequence such that $x_n \to x_0$ in $(X, \|\cdot\|)$. It follows that

$$| \, \|x_n\| - \|x_0\| \, | \leq \|x_n - x_0\| \to 0$$

as $n \to \infty$. Therefore, $\|\cdot\|$ is continuous at x_0. □

A *inner product space* $(X, <\cdot,\cdot>)$ is a linear space X with a function $<\cdot,\cdot>$: $X \times X \to \mathbb{C}$ called an *inner product* satisfying the following:

(I1) $<x, x> \;\geq 0$ for all $x \in X$ (nonnegativity),

(I2) $<x, x>= 0$ if and only if $x = 0$ (non degeneracy),

(I3) $<\lambda x, y>= \lambda <x, y>$ for all $x, y \in X$ and $\lambda \in \mathbb{R}$ (multiplicativity),

(I4) $<x, y>= \overline{<y, x>}$ for all $x, y \in X$ (symmetry),

(I5) $<x + y, z>=<x, z> + <y, z>$ for all $x, y, z \in X$ (distributivity).

Example 2.1.6. Let $l_2 := \{(x_n)_{n\in\mathbb{N}} : x_n \in \mathbb{C}, \; \sum_{n=1}^{\infty} |x_n|^2 < \infty\}$ with norm $\|(x_n)_{n\in\mathbb{N}}\|_2 := \sqrt{\sum_{n=1}^{\infty} |x_n|^2}$. Then, l_2 is an inner product space with inner product

$$<(x_n)_{n\in\mathbb{N}}, (y_n)_{n\in\mathbb{N}}>= \sum_{n=1}^{\infty} x_n \overline{y_n}.$$

Theorem 2.1.7. If $(X, <\cdot,\cdot>)$ is an inner product space and if $\|x\| = \sqrt{<x, x>}$ $(x \in X)$, then $\|\cdot\|$ is a norm on X.

Theorem 2.1.8. (Cauchy-Schwarz Inequality).If $(X, <\cdot,\cdot>)$ is an inner product space, then

$$| <x, y> | \leq \|x\| \; \|y\|$$

for all $x, y \in X$.

Proof We assume that X is a complex inner product space. If $x = 0$ or $y = 0$, then it is ok. We assume that $x \neq 0$ and $y \neq 0$. Then,

$$0 \leq \| \frac{x}{\|x\|} - < \frac{x}{\|x\|}, \frac{y}{\|y\|} > \frac{y}{\|y\|} \|^2 = \frac{1}{\|x\| \ \|y\|^2} \| \ \|y\|^2 x - < x, y > y \ \|^2.$$

It follows that

$$\begin{aligned} 0 &\leq \| \ \|y\|^2 x - < x, y > y \ \|^2 \\ &= < \|y\|^2 x - < x, y > y, \ \|y\|^2 x - < x, y > y > \\ &= \|x\|^2 \ \|y\|^4 - | < x, y > |^2 \ \|y\|^2, \end{aligned}$$

which shows that $| < x, y > | \leq \|x\| \ \|y\|$. □

Let $\leq p < \infty$ and

$$l_p := \{(x_n)_{n \in \mathbb{N}} : x_n \in \mathbb{C}, \ \sum_{n=1}^{\infty} |x_n|^p < \infty\}$$

with norm

$$\|(x_n)_{n \in \mathbb{N}}\|_p := (\sum_{n=1}^{\infty} |x_n|^p)^{\frac{1}{p}}.$$

Let

$$l_\infty := \{(x_n)_{n \in \mathbb{N}} : x_n \in \mathbb{C}, \ \sup_{n \in \mathbb{N}} |x_n| < \infty\}$$

with norm

$$\|(x_n)_{n \in \mathbb{N}}\|_\infty := \sup_{n \in \mathbb{N}} |x_n|.$$

Let

$$c_0 := \{(x_n)_{n \in \mathbb{N}} \in l_\infty : \lim_{n \to \infty} x_n = 0\}$$

with norm

$$\|(x_n)_{n \in \mathbb{N}}\|_\infty := \sup_{n \in \mathbb{N}} |x_n|.$$

Notice that $l_p \subset c_0$ for all $1 \leq p < \infty$.

Let $[a, b]$ be a closed, bounded interval of $\mathbb{R}$ and let

$B[a, b] := \{f : [a, b] \to \mathbb{R} \mid \text{there is } M > 0 \text{ such that } |f(x)| < M \text{ for all } x \in [a, b]\}$

with norm

$$\|f\|_\infty = \sup_{x\in[a,b]} |f(x)|.$$

Let

$$C[a,b] = \{f : [a,b] \to \mathbb{R} \mid f \text{ is continuous}\}$$

with norm

$$\|f\|_\infty = \sup_{x\in[a,b]} |f(x)|.$$

Notice that $C[a,b]$ is a subspace of $B[a,b]$.

A linear space is n-dimensional if the largest number of linearly independent elements is n. If such an n exists, the space is said to be *finite-dimensional.* A linear space is *infinite-dimensional* if for each $n \in \mathbb{N}$, there exists a linearly independent subset containing n elements. Obviously, $\mathbb{C}^n$ is finite-dimensional. Notice that c_0, l_p $(1 \le p \le \infty)$ and $C[a,b]$ are infinite-dimensional.

A sequence $(x_n)_{n\in\mathbb{N}}$ in $(X, \|\cdot\|)$ is *Cauchy* if given any $\epsilon > 0$ there exists $N \in \mathbb{N}$ such that $\|x_n - x_m\| < \epsilon$ for all $n, m \ge N$.

Theorem 2.1.9. Every convergent sequence in $(X, \|\cdot\|)$ is Cauchy.

Proof Assume that $(x_n)_{n\in\mathbb{N}}$ in $(X, \|\cdot\|)$ converges to $x \in X$ and let $\epsilon > 0$. There is $N \in \mathbb{N}$ such that $\|x_n - x\| < \frac{\epsilon}{2}$ for all $n \ge N$. It follows that

$$\|x_n - x_m\| \le \|x_n - x\| + \|x - x_m\| \le \epsilon$$

for all $n, m \ge N$. □

A normed linear space $(X, \|\cdot\|)$ is *complete* if every Cauchy sequence in X converges to a point of X. A complete normed space is called a *Banach space.*

2.2 Function Spaces: $B[a,b]$ and $C[a,b]$

In the following we will show that $B[a,b], C[a,b], l_p$ $(1 \le p \le \infty), c_0$ are Banach spaces.

Theorem 2.2.1. $(B[a,b], \|\cdot\|_\infty)$ is a Banach space.

Proof Let $(f_n)_{n\in\mathbb{N}}$ be a Cauchy sequence in $(B[a,b], \|\cdot\|_\infty)$. For a given $0 < \epsilon < 1$ there is $N \in \mathbb{N}$ such that $\|f_n - f_n\|_\infty < \epsilon$ for all $n, m \geq N$. Let $x \in [a,b]$. $|f_n(x) - f_n(x)| \leq \|f_n - f_n\|_\infty < \epsilon$ for all $n, m \geq N$. Hence, $(f_n(x))_{n\in\mathbb{N}}$ is a Cauchy sequence in $\mathbb{R}$ for each $x \in [a,b]$. Hence, $(f_n(x))_{n\in\mathbb{N}}$ converges to $f(x) \in \mathbb{R}$ for each $x \in [a,b]$.

Claim: $f \in B[a,b]$ and $\|f_n - f\|_\infty \to 0$ as $n \to \infty$.

It follows that, for $x \in [a,b], n \geq N$,

$$|f(x)| = \lim_{n\to\infty} |f_n(x)| \leq \|f_n\|_\infty \leq \|f_N\|_\infty + \epsilon < \|f_N\|_\infty + 1 < \infty,$$

which shows that $f \in B[a,b]$. It follows that, for $x \in [a,b], n \geq N$,

$$|f(x) - f_n(x)| = \lim_{k\to\infty} |f_k(x) - f_n(x)| \leq \|f_k - f_n\|_\infty \leq \epsilon,$$

which shows that $\|f - f_n\|_\infty \leq \epsilon$. Therefore, $\|f_n - f\|_\infty \to 0$ as $n \to \infty$. □

Theorem 2.2.2. $(C[a,b], \|\cdot\|_\infty)$ is a Banach space.

Proof Let $(f_n)_{n\in\mathbb{N}}$ be a Cauchy sequence in $(C[a,b], \|\cdot\|_\infty)$. For a given $0 < \epsilon < 1$ there is $N \in \mathbb{N}$ such that $\|f_n - f_n\|_\infty < \frac{\epsilon}{3}$ for all $n, m \geq N$. Let $x \in [a,b]$. $|f_n(x) - f_n(x)| \leq \|f_n - f_n\|_\infty < \frac{\epsilon}{3}$ for all $n, m \geq N$. Hence, $(f_n(x))_{n\in\mathbb{N}}$ is a Cauchy sequence in $\mathbb{R}$ for each $x \in [a,b]$. Hence, $(f_n(x))_{n\in\mathbb{N}}$ converges to $f(x) \in \mathbb{R}$ for each $x \in [a,b]$. Note that, for $x \in [a,b], n \geq N$,

$$|f(x) - f_n(x)| = \lim_{k\to\infty} |f_k(x) - f_n(x)| \leq \|f_k - f_n\|_\infty \leq \frac{\epsilon}{3},$$

which shows that $\|f - f_n\|_\infty \leq \frac{\epsilon}{3}$ for all $n \geq N$, Therefore, $\|f_n - f\|_\infty \to 0$ as $n \to \infty$. It is enough to show that $f \in C[a,b]$. Let $x_0 \in [a,b]$. We will show that f is continuous at x_0. Since f_N is continuous at x_0, there is $\delta > 0$ such that if $x \in [a,b]$ with $|x - x_0| < \delta$, then $|f_N(x) - f_N(x_0)| < \frac{\epsilon}{3}$. It follows that, for $x \in [a,b]$ with $|x - x_0| < \delta$,

$$|f(x) - f(x_0)| \leq |f(x) - f_N(x)| + |f_N(x) - f_N(x_0)| + |f_N(x_0) - f(x_0)|$$

$$
\begin{aligned}
&\leq 2\|f - f_N\|_\infty + \frac{\epsilon}{3} \\
&< \frac{2\epsilon}{3} + \frac{\epsilon}{3} = \epsilon,
\end{aligned}
$$

which shows that f is continuous at x_0. Therefore, $f \in C[a, b]$. □

2.3 Sequence Spaces: l_p-spaces for $1 \leq p \leq \infty$

Fact 2.3.1. For $1 \leq p < \infty$, $(l_p, \|\cdot\|_p)$ is a linear space.

Proof It is trivial to show that $\lambda x \in l_p$ whenever $x \in l_p$ and $\lambda \in \mathbb{C}$.

Claim: if $x, y \in l_p$, then $x + y \in l_p$.

Let $x = (x_n)_{n \in \mathbb{N}}$ and $y = (y_n)_{n \in \mathbb{N}}$. Then, $x + y = (x_n + y_n)_{n \in \mathbb{N}}$. It follows that

$$
\begin{aligned}
\sum_{n=1}^{\infty} |x_n + y_n|^p &\leq \sum_{n=1}^{\infty} (2 \max\{|x_n|, |y_n|\})^p \\
&= 2^p \sum_{n=1}^{\infty} \max\{|x_n|^p, |y_n|^p\} \\
&\leq 2^p \sum_{n=1}^{\infty} (|x_n|^p + |y_n|^p) \\
&= 2^p (\|x\|_p^p + \|y\|_p^p) < \infty.
\end{aligned}
$$

Therefore, $x + y \in l_p$. □

Theorem 2.3.2. (Young's Inequality). Let $1 < p,\ q < \infty$ with $\frac{1}{p} + \frac{1}{q} = 1$. For $a > 0, a > 0$,

$$
ab \leq \frac{a^p}{p} + \frac{b^q}{q}.
$$

Proof Let $f(t) = \frac{1}{q} t^q - at + \frac{1}{p} a^p$ for $t \geq 0$. Note that f has the minimum at $t = a^{p-1}$. Therefore, $f(t) \geq f(a^{p-1}) = 0$ for all $t \geq 0$. □

Theorem 2.3.3. (Holder's Inequality). Let $1 < p,\ q < \infty$ with $\frac{1}{p} + \frac{1}{q} = 1$. If $x = (x_n)_{n\in\mathbb{N}} \in l_p$ and $y = (y_n)_{n\in\mathbb{N}} \in l_q$, then

$$\sum_{n=1}^{\infty} |x_n|\ |y_n| \leq \|x\|_p\ \|y\|_q.$$

Proof If $\|x\|_p\ \|y\|_q = 0$, then it is ok. We assume that $\|x\|_p\ \neq 0$ and $\|y\|_q\ \neq 0$. It is enough to show that

$$\sum_{n=1}^{\infty} \frac{|x_n|}{\|x\|_p}\ \frac{|y_n|}{\|y\|_q} \leq 1.$$

By Young's Inequality,

$$\begin{aligned}
\sum_{n=1}^{\infty} \frac{|x_n|}{\|x\|_p}\ \frac{|y_n|}{\|y\|_q} &\leq \sum_{n=1}^{\infty}(\frac{1}{p}(\frac{|x_n|}{\|x\|_p})^p + \frac{1}{q}(\frac{|y_n|}{\|y\|_q})^q) \\
&= \frac{1}{p}\frac{\sum_{n=1}^{\infty} |x_n|^p}{\|x\|_p^p} + \frac{1}{q}\frac{\sum_{n=1}^{\infty} |y_n|^q}{\|y\|_q^q} \\
&= \frac{1}{p} + \frac{1}{q} = 1.
\end{aligned}$$

□

Theorem 2.3.4 (Minkowski's Inequality). . Let $1 < p < \infty$. If $x = (x_n)_{n\in\mathbb{N}},\ z = (z_n)_{n\in\mathbb{N}} \in l_p$, then

$$\|x + z\|_p \leq \|x\|_p + \|z\|_p.$$

Proof Note that $x + z \in l_p$ and $p = (p - 1)q$. If $\|x + z\|_p = 0$, it is ok. We assume that $\|x + z\|_p > 0$. It follows that

$$\begin{aligned}
\sum_{n=1}^{\infty} |x_n + z_n|^p &= \sum_{n=1}^{\infty} |x_n + z_n|^{p-1}\ |x_n + z_n| \\
&\leq \sum_{n=1}^{\infty} |x_n + z_n|^{p-1}\ |x_n| + \sum_{n=1}^{\infty} |x_n + z_n|^{p-1}\ |z_n| \\
&\leq (\sum_{n=1}^{\infty} (|x_n + z_n|^{p-1})^q)^{\frac{1}{q}}\ (\sum_{n=1}^{\infty} |x_n|^p)^{\frac{1}{p}}
\end{aligned}$$

$$+(\sum_{n=1}^{\infty}(|x_n + z_n|^{p-1})^q)^{\frac{1}{q}} \, (\sum_{n=1}^{\infty}|z_n|^p)^{\frac{1}{p}}$$

(by Holder's Inequality)

$$= \; (\sum_{n=1}^{\infty}|x_n + z_n|^p)^{\frac{1}{q}} \, [(\sum_{n=1}^{\infty}|x_n|^p)^{\frac{1}{p}} + (\sum_{n=1}^{\infty}|z_n|^p)^{\frac{1}{p}}],$$

which shows that

$$\|x+z\|_p = (\sum_{n=1}^{\infty}|x_n + z_n|^p)^{1-\frac{1}{q}} \le (\sum_{n=1}^{\infty}|x_n|^p)^{\frac{1}{p}} + (\sum_{n=1}^{\infty}|z_n|^p)^{\frac{1}{p}} = \|x\|_p + \|z\|_p.$$

□

Theorem 2.3.5. Let $1 < p < \infty$. Then, $(C[0,1], \|\cdot\|_p)$ is not a Banach space if $\|f\|_p := (\int_0^1 |f(t)|^p dt)^{\frac{1}{p}}$ for every $f \in C[0,1]$.

Proof By Minkowski's Inequality, it is trivial to show that $(C[0,1], \|\cdot\|_p)$ is a normed linear space. Let $(f_n)_{n=2}^{\infty}$ be the sequence in $C[0,1]$ such that $f_n(x) = 0$ if $0 \le x \le \frac{1}{2}$, $f_n(x) = 1$ if $\frac{1}{2} + \frac{1}{n} \le x \le 1$ and $f_n(x) = n(x - \frac{1}{2})$ if $\frac{1}{2} < x < \frac{1}{2} + \frac{1}{n}$. Then, it follows that, for $m > n$,

$$\begin{aligned} \|f_n - f_m\|_p &= (\int_0^1 |f_n(t) - f_m(t)|^p dt)^{\frac{1}{p}} \le (\int_0^1 |f_n(t) - f_m(t)| dt)^{\frac{1}{p}} \\ &\le (\frac{1}{n} - \frac{1}{m})^{\frac{1}{p}} < (\frac{1}{n})^{\frac{1}{p}} \to 0, \end{aligned}$$

as $n \to \infty$. Hence, (f_n) is a Cauchy sequence in $(C[0,1], \|\cdot\|_p)$. Assume that (f_n) converges to $f \in (C[0,1], \|\cdot\|_p)$. We claim that $f \equiv 0$ on $[0, \frac{1}{2}]$ and $f \equiv 1$ on $(\frac{1}{2}, 1]$. It follows that

$$\int_0^{\frac{1}{2}} |f_n(t) - f(t)|^p dt = \int_0^{\frac{1}{2}} |f(t)|^p dt \le \int_0^1 |f_n(t) - f(t)|^p dt \to 0 \text{ as } n \to \infty,$$

which shows that $\int_0^{\frac{1}{2}} |f(t)|^p dt = 0$. Hence, $f \equiv 0$ on $[0, \frac{1}{2}]$. It follows that

$$\int_{\frac{1}{2}+\frac{1}{n}}^1 |1 - f(t)|^p dt = \int_{\frac{1}{2}}^1 |f_n(t) - f(t)|^p dt \le \int_0^1 |f_n(t) - f(t)|^p dt \to 0 \text{ as } n \to \infty,$$

which shows that $\int_{\frac{1}{2}+\frac{1}{n}}^{1} |1-f(t)|^p dt = 0$ for all $n \geq 2$. Hence, $f \equiv 1$ on $(\frac{1}{2}, 1]$. By the continuity of f at $\frac{1}{2}$

$$0 = f(\frac{1}{2}) = \lim_{x \to \frac{1}{2}+} f(x) = 1,$$

which is a contradiction. Therefore, $(C[0,1], \|\cdot\|_p)$ is not complete. □

Theorem 2.3.6. For $1 \leq p < \infty$, $(l_p, \|\cdot\|_p)$ is a Banach space.

Proof By Minkowski's Inequality, it is trivial to show that $(l_p, \|\cdot\|_p)$ is a normed linear space. We claim that $(l_p, \|\cdot\|_p)$ is complete. Let $(x_n)_{n\in\mathbb{N}}$ be a Cauchy sequence in $(l_p, \|\cdot\|_p)$. Write $x_n = (a_j^{(n)})_{j\in\mathbb{N}}$ for all $n \in \mathbb{N}$. For a given $0 < \epsilon < 1$ there is $N \in \mathbb{N}$ such that $\sum_{j=1}^{\infty} |a_j^{(n)} - a_j^{(m)}|^p = \|x_n - x_m\|_p^p < \epsilon^p$ for all $n, m \geq N$. For a fixed $j \in \mathbb{N}$,

$$|a_j^{(n)} - a_j^{(m)}| \leq (\sum_{j=1}^{\infty} |a_j^{(n)} - a_j^{(m)}|^p)^{\frac{1}{p}} = \|x_n - x_m\|_p < \epsilon \ (\forall n, m \geq N).$$

This shows that, for each fixed $j \in \mathbb{N}$, the sequence $(a_j^{(n)})_{n\in\mathbb{N}}$ is a Cauchy sequence in $\mathbb{C}$. Therefore, $(a_j^{(n)})_{n\in\mathbb{N}}$ converges; let $a_j = \lim_{n\to\infty} a_j^{(n)}$ for each $j \in \mathbb{N}$ and $x = (a_j)_{j\in\mathbb{N}}$.

Claim: $x \in l_p$ and $\|x_n - x\|_p \to 0$ as $n \to \infty$.

By Minkowski's Inequality, it follows that for a fixed $k \in \mathbb{N}$,

$$\begin{aligned}
(\sum_{1\leq j\leq k} |a_j|^p)^{\frac{1}{p}} &\leq (\sum_{1\leq j\leq k} |a_j - a_j^{(N)}|^p)^{\frac{1}{p}} + (\sum_{1\leq j\leq k} |a_j^{(N)}|^p)^{\frac{1}{p}} \\
&\leq \lim_{n\to\infty} (\sum_{1\leq j\leq k} |a_j^{(n)} - a_j^{(N)}|^p)^{\frac{1}{p}} + \|x_N\|_p \\
&\leq \lim_{n\to\infty} \|x_n - x_N\|_p + \|x_N\|_p \\
&\leq \epsilon + \|x_N\|_p \\
&< 1 + \|x_N\|_p < \infty,
\end{aligned}$$

which implies that

$$(\sum_{j=1}^{\infty} |a_j|^p)^{\frac{1}{p}} \le 1 + \|x_N\|_p < \infty.$$

Hence, $x \in l_p$.

It follows that for a fixed $k \in \mathbb{N}$ and $n \ge N$,

$$\begin{aligned}
(\sum_{1 \le j \le k} |a_j^{(n)} - a_j|^p)^{\frac{1}{p}} &= \lim_{m\to\infty} (\sum_{1 \le j \le k} |a_j^{(n)} - a_j^{(m)}|^p)^{\frac{1}{p}} \\
&\le \lim_{m\to\infty} (\sum_{j=1}^{\infty} |a_j^{(n)} - a_j^{(m)}|^p)^{\frac{1}{p}} \\
&= \lim_{m\to\infty} \|x_n - x_m\|_p \le \epsilon.
\end{aligned}$$

Hence, for all $n \ge N$,

$$\|x_n - x\|_p = (\sum_{j=1}^{\infty} |a_j^{(n)} - a_j|^p)^{\frac{1}{p}} \le \epsilon.$$

Therefore, $\|x_n - x\|_p \to 0$ as $n \to \infty$. □

Theorem 2.3.7. Suppose that $x = (x_j)_{j\in\mathbb{N}} \in l_{p_0}$ for some $1 < p_0 < \infty$. Then,

$$\lim_{p\to\infty} \|x\|_p = \|x\|_\infty.$$

Proof If $x_j = 0$ for all $j \in \mathbb{N}$, we are done. Hence, we may assume that $M := \sup_{j\in\mathbb{N}} |x_j| > 0$. Without loss of generality, we may assume that $M = 1$. It is enough to show that $\lim_{p\to\infty}(\sum_{j\in\mathbb{N}} |x_j|^p)^{\frac{1}{p}} = 1$. Let $\epsilon > 0$. Then, there is $j_0 \in \mathbb{N}$ such that $|x_{j_0}| > 1 - \epsilon$. Then,

$$\liminf_{p\to\infty}(\sum_{j\in\mathbb{N}} |x_j|^p)^{\frac{1}{p}} \ge 1 - \epsilon.$$

Hence, $\liminf_{p\to\infty}(\sum_{j\in\mathbb{N}} |x_j|^p)^{\frac{1}{p}} \ge 1$. Let $N \in \mathbb{N}$ be such that $\sum_{j>N} |x_j|^{p_0} < 1$. Note that if $p > p_0$, then

$$\sum_{j>N} |x_j|^p \le \sum_{j>N} |x_j|^{p_0} < 1.$$

It follows that for $p > p_0$,

$$(\sum_{j>N} |x_j|^p)^{\frac{1}{p}} \leq (|x_1|^p + \cdots + |x_N|^p + 1)^{\frac{1}{p}} \leq (N+1)^{\frac{1}{p}},$$

which implies that $\limsup_{p\to\infty}(\sum_{j\in\mathbb{N}} |x_j|^p)^{\frac{1}{p}} \leq 1$. From this we get that $\lim_{p\to\infty}(\sum_{j\in\mathbb{N}} |x_j|^p)^{\frac{1}{p}} = 1$. □

Theorem 2.3.8. $(l_\infty, \|\cdot\|_\infty)$ is a Banach space.

Proof It is trivial to show that $(l_\infty, \|\cdot\|_\infty)$ is a normed linear space. We claim that $(l_\infty, \|\cdot\|_\infty)$ is complete. Let $(x_n)_{n\in\mathbb{N}}$ be a Cauchy sequence in $(l_\infty, \|\cdot\|_\infty)$. Write $x_n = (a_j^{(n)})_{j\in\mathbb{N}}$ for all $n \in \mathbb{N}$. For a given $0 < \epsilon < 1$ there is $N \in \mathbb{N}$ such that $\sup_{j\in\mathbb{N}} |a_j^{(n)} - a_j^{(m)}| = \|x_n - x_m\|_\infty < \epsilon$ for all $n, m \geq N$. For a fixed $j \in \mathbb{N}$,

$$|a_j^{(n)} - a_j^{(m)}| \leq \|x_n - x_m\|_\infty < \epsilon \ (\forall n, m \geq N).$$

This shows that, for each fixed $j \in \mathbb{N}$, the sequence $(a_j^{(n)})_{n\in\mathbb{N}}$ is a Cauchy sequence in $\mathbb{C}$. Therefore, $(a_j^{(n)})_{n\in\mathbb{N}}$ converges; let $a_j = \lim_{n\to\infty} a_j^{(n)}$ for each $j \in \mathbb{N}$ and $x = (a_j)_{j\in\mathbb{N}}$.

Claim: $x \in l_\infty$ and $\|x_n - x\|_\infty \to 0$ as $n \to \infty$.

It follows that for each fixed $j \in \mathbb{N}$,

$$\begin{aligned} |a_j| &\leq |a_j - a_j^{(N)}| + |a_j^{(N)}| \\ &\leq \lim_{n\to\infty} (\sum_{1\leq j\leq k} |a_j^{(n)} - a_j^{(N)}|) + |a_j^{(N)}| \\ &\leq \lim_{n\to\infty} \|x_n - x_N\|_\infty + \|x_N\|_\infty \\ &\leq \epsilon + \|x_N\|_\infty \\ &< 1 + \|x_N\|_\infty < \infty, \end{aligned}$$

which implies that

$$\sup_{j\in\mathbb{N}} |a_j| \leq 1 + \|x_N\|_\infty < \infty.$$

Hence, $x \in l_\infty$.

It follows that for a fixed $j \in \mathbb{N}$ and $n \ge N$,

$$\begin{aligned} |a_j - a_j^{(n)}| &= \lim_{m\to\infty} |a_j^{(m)} - a_j^{(n)}| \\ &= \lim_{m\to\infty} \|x_n - x_m\|_\infty \\ &\le \epsilon. \end{aligned}$$

Hence, for all $n \ge N$,

$$\|x_n - x\|_\infty = \sup_{j\in\mathbb{N}} |a_j - a_j^{(n)}| \le \epsilon.$$

Therefore, $\|x_n - x\|_\infty \to 0$ as $n \to \infty$. □

Notice that $(c_0, \|\cdot\|_\infty)$ is a Banach space.

CHAPTER 3

복소기하학

(서애령)

Introduction

복소기하/Several complex variable은 복소다양체의 기하를 연구하는 분야이다. 해석학적인 방법은 19세기 해석학자 K. Weierstrass의 큰 공헌으로 시작되었고 F. Hartogs에 의해 일차원 이론과 다차원 이론의 차이점이 발견되여 Several complex variable에 독특한 특성이 부여되었다. 이후 Bernhard Riemann, Eugenio Elia Levi, Karl Reinhardt, Henri Cartan, Peter Thullen 등의 연구를 시작으로 1942-1965년 사이 Kiyoshi Oka와 Henri Cartan을 중심으로한 프랑스 학당의 Pierre Dolbeault, Alexander Grothendieck, Jean Serre, 그리고 Münster 학당의 Heinrich Behnke, Karl Stein, Hans Grauert, Reinhold Remmert, Friedrich Hirzebruch에 의해 크게 발전하였다. 또한 20세기 초 P. Koebe와 H. Poincare에 의해 증명된 리만곡면의 균일화 정리를 시작으로 다양체의 성질을 알아내고 특성화하기위해 많은 수학자들이 연구하고 있다.

(a) Euler (b) Gauss

3.1 복소수란 무엇인가

허수단위(imaginary unit) i는 $x^2 = -1$을 만족시키는 해 $\sqrt{-1}$이다. 현재 쓰이고 있는 이 i라는 표현은 18세기 위대한 수학자 Leonhard Euler에 의해 1777년에 처음 도입되었다. 허수(imaginary number)란 제곱해서 음수가 나오는 수로 실수와 i의 곱으로 나타내어진다. 복소수(complex number) z는 실수 x, y에 대하여

$$x + iy$$

으로 표현되는 수이다. 복소수의 영어 이름인 complex number는 우리가 잘 알고있는 또 다른 위대한 수학자 Carl Friedrich Gauss(1777-1855)가 처음으로 사용하기 시작하였다. 우리는 이때 x를 z의 실수부분, y를 허수부분이라고 말하고 보통 $x = \mathrm{Re}(z)$, $y = \mathrm{Im}(z)$라고 쓴다. 복소수 전체의 집합 즉 $\{z = x + iy : x, y \in \mathbb{R}\}$을 $\mathbb{C}$라고 쓰고 2차원 좌표공간에서 (x, y)로 표현될 수 있다. 예를 들어 0은 좌표공간의 원점이고 $(1, 0)$은 실수 1, $(0, 1)$은 i를 나타낸다. 복소수 $z_1 = x_1 + iy_1$, $z_2 = x_2 + iy_2$에 대해 덧셈과 곱셈은 다음과 같이 정의된다:

$$z_1 + z_2 = x_1 + x_2 + i(y_1 + y_2)$$

$$z_1 z_2 = (x_1 x_2 - y_1 y_2) + i(x_1 y_2 + y_1 x_2)$$

이렇게 정의된 덧셈과 곱셈은 교환법칙, 결합법칙, 분배법칙을 만족시킨다. 복소수 $z = x + iy$에 대해 켤레복소수(complex conjugate)는 $\overline{z} = x - iy$로 정의된다. 이때 z의 절대값(absolute value)은 $|z| = \sqrt{z\overline{z}} = \sqrt{x^2 + y^2}$이고

$$\mathrm{Re}(z) = \frac{z + \overline{z}}{2}, \qquad \mathrm{Im}(z) = \frac{z - \overline{z}}{2i}$$

이다. 복소수의 수열 $\{z_1, z_2, \ldots\}$이 복소수 z에 수렴한다는 것은

$$\lim_{n\to\infty} |z_n - z| = 0$$

이 성립한다는 것이고 우리는 $\lim_{n\to\infty} z_n = z$라고 쓴다. 복소수와 실수의 큰 차이점 중 하나는 실수와는 달리 복소수는 순서(ordering)가 없다는 것이다. 순서란 숫자 x를 $x \geq 0$ 또는 $x \leq 0$으로 쓸 수 있다는 것을 말한다.

3.2 복소해석학

Ω가 $\mathbb{C}$에 열린 영역이고 f가 복소수 값을 가지고 Ω를 정의역으로 가지는 함수라고 하자. 만약 복소수 h가 0으로 수렴할 때 $\frac{f(p+h)-f(p)}{h}$가 수렴하면 우리는 함수 f가 점 $p \in \Omega$에서 복소해석(holomorphic)하다라고 한다. 이때

$$f'(p) = \lim_{h\to 0} \frac{f(p+h) - f(p)}{h}$$

라고 쓴다. 함수 f가 Ω의 모든 점에서 복소해석하면 우리는 함수 f가 복소해석하다라고 말한다. 예를 들어 $f(z) = \bar{z}$라고 정의된 함수 $f\colon \mathbb{C} \to \mathbb{C}$를 생각하자. 이 경우 $\frac{f(h)-f(0)}{h} = \frac{\bar{h}}{h}$이다. 만약 h가 실수인 경우는 $\frac{\bar{h}}{h} = 1$이기 때문에 h가 실수축을 따라 0으로 수렴하면 $\lim_{h\to 0} \frac{\bar{h}}{h} = 1$이다. 한편 h가 허수인 경우는 $\frac{\bar{h}}{h} = -1$이기 때문에 h가 허수축을 따라 0으로 수렴하면 $\lim_{h\to 0} \frac{\bar{h}}{h} = -1$이다. 즉 f는 0에서 복소해석하지 않다는 것을 알 수 있다. 일반적으로 변수 x, y로 정의되는 함수 $f(x, y)$를 $f\left(\frac{z+\bar{z}}{2}, \frac{z-\bar{z}}{2i}\right)$로 나타내었을 때

$$\frac{\partial}{\partial \bar{z}} f \equiv 0$$

이면 f는 복소해석이다.

복소해석학은 이런 복소해석한 함수의 성질을 연구하는 고전적인 수학 분야 중 하나로 18세기 전후로 시작되었다. Leonhard Euler, Carl Friedrich Gauss, Bernhard Riemann 등을 비롯하여 Augustin-Louis Cauchy, Karl Weierstrass가 복소해석학에 큰 공헌을 하였다.

Example 3.2.1 (복소해석 함수의 예).

Fig. 3.1. Bernhard Riemann(1826-1866). 독일 수학자. 해석학, 정수론 그리고 미분기하에 위대한 업적을 남겼다.

1. $P(z) = \frac{a_{-m}}{z^m} + \cdots + \frac{a_{-1}}{z} + a_0 + a_1 z + a_2 z^2 + \cdots + a_n z^n$, 지수함수 e^z, a^z ($a \in \mathbb{R}$), 로그함수 $\log z$, 삼각함수들 $\cos z$, $\sin z$, $\tan z$는 $\mathbb{C}$ 안의 적당한 영역에서 잘 정의되는 복소해석 함수들이다.

2. 리만 제타 함수 $\zeta(z) = \sum_{n=1}^{\infty} \frac{1}{n^z}$.

복소해석학에서 연구된 수많은 놀라운 정리들 중 몇가지만 소개하고자 한다. 이들 중에 마지막에 논의될 Riemann의 함수정리는 영역의 위상적인 성질이 복소해석학적인 성질을 결정한다는 내용으로 일변수 복소해석학이 다변수 복소해석학과 차이점을 보이게 되는 중요한 정리이다.

Theorem 3.2.2 (최대값 정리(Maximum Modulus principle))**.** f가 연결인 열린 영역 $\Omega \subset \mathbb{C}$에서 복소해석이라고 하자. 만약 z_0가 Ω 안의 한 점이고 z_0 근방의 모든점 z에 대하여

$$|f(z_0)| \geq |f(z)|$$

를 만족하면 f는 상수함수이다.

Theorem 3.2.3 (Laurent 급수)**.** 함수 f가 $\{z \in \mathbb{C} : 0 < |z - z_0| < r\}$에서 복소해석이면 f는 다음과 같이 표현될 수 있다:

$$f(z) = \frac{a_{-k}}{(z - z_0)^k} + \cdots + \frac{a_{-1}}{(z - z_0)} + g(z)$$

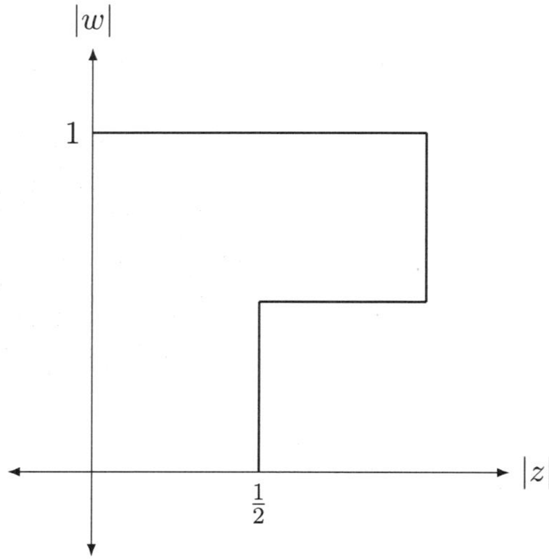

Fig. 3.2. Left: Friedrich Hartogs(1874-1943), Right: Hartogs figure

여기서 g는 $\{z \in \mathbb{C} : |z - z_0| < r\}$에서 복소해석이다.

Theorem 3.2.4 (Cauchy의 적분 공식). 함수 f가 $U = \{z \in \mathbb{C} : |z - z_0| < r\}$를 포함하는 열린 영역 Ω에서 복소해석이고 γ는 원 $\{z \in \mathbb{C} : |z - z_0| = r\}$ 위에서 반시계 방향으로 도는 곡선이다. U에 속하는 모든 점 a에 대하여

$$f(a) = \frac{1}{2\pi i} \oint_\gamma \frac{f(z)}{(z-a)} dz$$

가 성립한다.

Theorem 3.2.5 (리만의 함수정리). $\mathbb{C}$안의 모든 유계(bounded)이고 단순연결(simply connected)인 영역은 단위원과 쌍준동형(biholomorphic)하다.

3.3 Several complex variables

복소유클리드 공간 $\mathbb{C}^n$은 복소수 n개의 쌍 $(z_1, z_2, \ldots, z_n)$을 모두 모아놓은 집합이다. 다변복소함수란 $\mathbb{C}^n$ 안의 열린 영역 Ω에서 정의된 복소수 값을 가지는 함수 $f(z_1, \ldots, z_n)$을 말한다. 만약 함수 f가 각각의 변수 $z_1, \ldots, z_n$에 대해 복소해석하면 우리는 f가 복소해석하다고 한다.

19세기의 위대한 해석학자 Karl Weierstrass(1815-1897)는 다변복소함수론의 시작에 큰 공헌을 하였지만 역시나 현대의 다변복소함수론은 Friedrich Hartogs(1874–1943)의 연구로 시작되었다고 하는것이 타당하다. 보통 일변수 복소해석학에서 성립하는 함수 이론 중 많은 것들이 다변수 복소해석학에서도 성립한다. 복소해석적 함수가 멱급수(power series) 또는 Laurent 급수를 가진다는 것, 적분표현(integral representation)을 가진다는 것, 최대값 정리가 성립 한다는 것 등을 예로 들수 있다. 일변수와 다변수 복소해석학의 차이가 분명히 드러나는 것이 소위 Hartogs Phenomenon 또는 Hartogs' extension theorem이라고 불리는 정리로 1906년에 Hartogs가 증명하였다.

Theorem 3.3.1. Ω를 $\mathbb{C}^2$의 영역

$$\Omega = \{(z,w) \in \mathbb{C}^2 : |z| < 1/2,\, |w| < 1\} \cup \{(z,w) \in \mathbb{C}^2 : |z| < 1,\, 1/2 < |w| < 1\}$$

이라고 하자. 그러면 Ω에 정의된 모든 복소해석 함수는 쌍원반(bidisc) $\Delta^2 = \{(z,w) \in \mathbb{C}^2 : |z| < 1,\, |w| < 1\}$의 복소해석 함수로 확장된다.

이 정리는 Cauchy의 적분공식 정리 3.2.4를 이용하여 증명할 수 있다.

이변수 이상의 다변수 복소해석학에서는 일변수일때와는 다르게 영역의 기하적인 성질이 함수를 연구하는데 큰 영향을 미치게 된다. 예를 들어 위의 Hartogs의 영역 Ω와는 달리 이차원 단위공 $\{(z,w) \in \mathbb{C}^2 : |z|^2 + |w|^2 < 1\}$의 경우 단위공을 포함하는 어떠한 열린 영역에도 복소해석적으로 확장될 수 없는 함수가 존재한다.

일변수 복소해석학과 다변수복소함수론의 또 하나의 큰 차이점은 다변수인 경우 리만의 함수정리 같이 간단한 위상적인 분류가 없다는 것이다. 예를 들어 2차원 단위공과 쌍원반은 쌍준동형이 아니라는 것을 Henri Poincaré(1854-1912)가 증명하였다. 또한 차원이 2보다 크거나 같은 복소유클리드 공간 $\mathbb{C}^n$의 유계이고 단순연결인 영역 중에는 단위공과 쌍준동형이 아닌 영역이 무수히 많다. 예를 들어 $\mathbb{C}^2$의 열린 영역 $\{(z,w) \in \mathbb{C}^2 : |z|^2 + |w|^r < 1\}$, $r > 0$은 r이 2에 아무리 가까이 가도 단위공 $\{(z,w) \in \mathbb{C}^2 : |z|^2 + |w|^2 < 1\}$와 쌍준동형이 될 수 없다.

Hartogs의 초기 연구와 Karl Weierstrass, Bernhard Riemann, Eugenio Elia Levi, Karl Reinhardt, Hellmuth Kneser, Henri Cartan, Peter Thullen 등의 연구를 시작

으로 다변수 복소해석학의 연구는 1942-1965년 사이 Kiyoshi Oka와 Henri Cartan 을 중심으로한 프랑스 학당의 Pierre Dolbeault, Alexander Grothendieck 그리고 Jean Serre, 그리고 Münster 학당의 Heinrich Behnke, Karl Stein, Hans Grauert, Reinhold Remmert, Friedrich Hirzebruch에 의해 크게 발전하였다. 특히 1942년에 Oka는 2차원에서의 Levi 문제을 해답을 제시하였고 1965년에 Hörmander는 근본적인 논문을 발표하여 $\overline{\partial}$-등식을 L^2 방법을 이용하여 풀게 된다.

일변수 복소해석학에서 단위원과 같이 다변수 복소해석학을 연구하는데 핵심적인 영역 또는 다양체는 다음과 같이 정의된다.

Definition 3.3.2. U를 $\mathbb{C}^n$의 영역이라고 하자. 만약에 다음과 같이 비어있지 않은 열린 영역들 $U_1 \subset U_2$가 존재하지 않으면 우리는 U를 정칙영역(domain of holomorphy)라고 부른다:

1. U_2는 연결된 영역이고 U는 U_2를 포함하지 않는다.
2. $U_1 \subset U_2 \cap U$이고 U에서 정의된 모든 복소해석인 함수 h에 대하여 U_2에 정의되고 U_1에서 $h_1 = h_2$인 복소해석함수 h_2가 존재한다.

Definition 3.3.3 (Karl Stein)**.** 복소다양체 M이 다음 세가지 성질을 만족시키면 우리는 M을 스타인 다양체라고 부른다:

1. M위의 임의의 두 점 x, y에 대하여 $f(x) \neq f(y)$인 복소해석 함수 $f\colon M \to \mathbb{C}$가 존재한다.
2. 모든 $x \in M$에 대하여 df_j가 p 점에서 $\mathbb{C}$-선형독립(linearly independent)인 복소해석인 함수들 $f_1, f_2, \ldots, f_n\colon M \to \mathbb{C}$들이 존재한다.
3. M은 복소해석적으로 볼록(holomorphically convex)이다.

Remark 3.3.4. 모든 정칙영역은 스타인 다양체이다.

복소 유클리드 공간 안의 영역을 특성화 하는 문제는 오랜 시간동안 사람들의 관심을 끌어왔다. 그 중 하나의 방법인 척도구성(Scaling)을 소개하고자 한다. 가장 간단한

예로 단위원 $\Delta = \{z \in \mathbb{C} : |z| < 1\}$을 생각하자. 먼저 모든 $j = 1, 2, \ldots$에 대해 $0 < a_j < a_{j+1} < 1$가 성립하고 1로 수렴하는 수열 a_j를 고르자. 그리고 $\mathbb{C}$에서 잘 정의되는 확대변환(dilation)인 $L_j(z) = \frac{z-1}{1-a_j}$을 생각하자. 일단 $\lambda_j = 1 - a_j$라고 두면 우리는

$$L_j(\Delta) = \left\{\zeta \in \mathbb{C} : 2\mathrm{Re}(\zeta) < -\lambda_j|\zeta|^2\right\}$$

이라는 것을 알 수 있다. 즉 영역의 수열 $L_j(\Delta)$는

$$H = \{\zeta \in \mathbb{C} : \mathrm{Re}(\zeta) < 0\}$$

으로 수렴한다. 즉 $L_j(\Delta) \subset L_{j+1}(\Delta)$가 모든 j에 대해서 성립하고 $\cup_{j=1}^{\infty} L_j(\Delta) = H$이다. 이제 $\phi_j(z) = \frac{z+a_j}{1+a_j z}$로 정의되는 일대일 대응 복소해석 함수 $\phi\colon \Delta \to \Delta$의 수열을 합성하자. 여기서 ϕ는 $\phi_j(0) = a_j$를 만족시킨다는 것을 기억하자. 그러면 $L_j \circ \phi_j\colon \Delta \to \mathbb{C}$는

$$L_j \circ \phi_j(z) = \frac{z-1}{1+a_j z}$$

가 된다. 마지막으로 j를 무한대로 보내면 $\lim_{j\to\infty} L_j \circ \phi_j(z) = \frac{z-1}{z+1}$로 이 함수는 Δ에서 H로 가는 일대일 대응 복소해석함수라는 것을 알 수 있다. 결론적으로 Δ에서 H로 가는 복소해석함수는 중심맞추기(centering) ϕ_j와 확대변환 L_j의 합성의 극한값으로 주어진다.

이렇게 콤팩트하지 않은 자기동형사상군을 가지는 영역의 특성화는 1977년에 Bun Wong이 증명한 다음의 정리로에서 시작되었다. 이 정리는 척도구성 방법을 이용하면 경계가 무한번 미분가능하지 않은 경우로 일반화 시킬수 있다.

Theorem 3.3.5 (Bun Wong 1977, Jean Pierre Rosay 1979)**.** Ω는 복소유클리드 공간 안의 강한 준볼록 영역이라고 하자. 만약 $\mathrm{Aut}(\Omega)$가 콤팩트하지 않으면 Ω는 단위공과 쌍준동형이다.

3.4 복소기하

복소기하란 복소다양체의 기하를 연구하는 분야이다. 복소다양체는 다음과 같이 정의된다.

Fig. 3.3. H.Poincare(1854-1912). 프랑스 수학자, 이론 물리학자, 엔지니어, 과학철학자이다. 순수와 응용을 아우르며 수학 모든 분야에서 뛰어난 업적을 남겨 "The Last Universalist"라고 불린다.

Definition 3.4.1.

1. 위상다양체(topological manifold)란 국소적으로 유클리드적인 파라콤팩트(paracompact)하고 하우스도르프(Hausdorff)인 위상공간이다.
2. n-차원 미분가능한 다양체(differentiable manifold)란 위상다양체 M에 M의 열린 덮개(open covering) $M = \cup U_j$와 다음을 만족하는 위상동형사상(homeomorphism) $\phi_j : U_j \to V_j \subset \mathbb{R}^n$가 주어진 다양체이다: 모든 j와 k에 대하여 $\phi_j \circ \phi_k^{-1} : \phi_k(U_j \cap U_k) \to \phi_j(U_j \cap U_k)$ 가 무한 번 미분가능하다.
3. n-차원 복소다양체(complex manifold)는 $2n$-차원 미분가능한 다양체로 위에서 정의된 V_j가 $\mathbb{C}^n$의 열린 영역이고 모든 j와 k에 대하여 $\phi_j \circ \phi_k^{-1} : \phi_k(U_j \cap U_k) \to \phi_j(U_j \cap U_k)$ 가 쌍준동형(biholomorphism)이다.

Example 3.4.2. $\mathbb{C}^n$의 모든 열린 영역은 복소다양체이다. 그 중 중요하게 여겨지는 영역들은 다음과 같다:

1. 단위공 $\mathbb{B}^n = \{(z_1, \ldots, z_n) \in \mathbb{C}^n : |z_1|^2 + \cdots + |z_n|^2 < 1\}$
2. 다중원반 $\{(z_1, \ldots, z_n) : |z_1| < 1, \ldots, |z_n| < 1\}$
3. Thullen 영역 $\{(z, w) \in \mathbb{C}^2 : |z|^2 + |w|^r < 1\}$, $r > 0$
4. 정칙영역

5. Fatou-Bieberbach 영역: $\mathbb{C}^n(n \geq 2)$의 영역 U가 $\mathbb{C}^n$과 쌍준동형이고 $\mathbb{C}^n \setminus U$가 열린 영역을 포함하면 우리는 영역 U를 Fatou-Bieberbach 영역이라고 부른다.

Example 3.4.3. 그라스만 다양체(Grassmannian manifold): n-차원 복소선형 공간 $\mathbb{C}^n$ 안에 r-차원 복소선형 공간들을 다 모아놓은 집합 $Gr(r,n)$을 그라스만 다양체라고 부른다. 특히 $\mathbb{C}^n$ 안에 원점을 지나는 모든 복소선을 모아놓은 집합 $\mathbb{P}^{n-1}$을 복소사영공간(complex projective space)라고 부르고 $\mathbb{P}^1$은 리만구(Riemann sphere)라고 한다.

Example 3.4.4. 차원이 1인 복소다양체를 리만 곡면(Riemann surface)라고 부른다.

Example 3.4.5 (에르미트 다양체(Hermitian manifold))**.** M을 n 차원 복소다양체라고 하고 TM을 M의 접다발(tangent bundle)이라고 하자. M을 실다양체라고 생각하면 TM의 올(fiber)의 차원은 $2n$이다. M의 복소구조(complex structure)에 의한 TM의 자기준동형사상(endomorphism) $J\colon TM \to TM$, $J^2 = -id$을 생각하자. 이때 부드럽게 움직이는 에르미트 거리함수(Hermitian metric) g를 각각의 올에 주면 (M,g)를 에르미트 다양체라고 한다. 즉 모든 X, $Y \in T_pM$에 대하여 $g(X,Y) = g(JX,JY)$를 만족한다.

Example 3.4.6 (캘러 다양체(Kähler manifold))**.** 에르미트 다양체 (M,g)가 주어졌다고 하자. g가 국소좌표에서 $g = \sum_{j,k=1}^{n} g_{j\bar{k}} dx_j d\bar{x}_j$로 표현될 때 2-form

$$\omega = i \sum_{j,k=1}^{n} g_{j\bar{k}} dx_j \wedge d\bar{x}_j$$

를 캘러 형식(form)이라고 부른다. 이 캘러 형식이 닫혀있을 때, 즉 $d\omega = 0$을 만족할 때, 우리는 (M,g)를 캘러 다양체라고 부른다. 캘러 다양체는 Chern 접속(connection)이 에르미트 거리함수 g 그리고 복소구조와 적합하게 맞아떨어지는 리만 다양체이다. 리만 곡면은 모두 캘러 다양체이나 2차원 이상의 복소다양체 중에서는 캘러 거리함수를 가질 수 없는 다양체가 존재한다. 예를 들어 호프(Hopf) 다양체는 캘러 다양체가 아니다.

Fig. 3.4. Elie Cartan(1869-1951). 프랑스 수학자. 리군, 미분 시스템, 미분기하에 중요한 업적을 남겼다. 20세기 최고의 수학자 중 한명으로 여겨지고 있다.

복소기하에서 가장 중요하게 여겨지는 정리 중 하나는 리만 곡면의 균일화(Uniformization) 정리이다.

Theorem 3.4.7 (리만곡면의 균일화 정리)**.** 단순 연결인 리만 곡면은 리만구 $\mathbb{P}^1$, 복소평면 $\mathbb{C}$, 단위원 $\Delta = \{z \in \mathbb{C} : |z| < 1\}$ 중 하나와 쌍준동형이다.

즉 모든 리만 곡면은 리만구 $\mathbb{P}^1$, 복소평면 $\mathbb{C}$ 또는 단위원 $\Delta = \{z \in \mathbb{C} : |z| < 1\}$ 중 하나를 범피복공간(universal covering)으로 가진다. 이 정리는 Felix Klein(1849-1925)과 Henri Poincaré가 대수적 곡선에 대해 추측을 하였고 Poincaré와 Paul Koebe(1882-1945)에 의해 처음으로 증명되었다. 나중에 Paul Koebe가 다양한 다른 증명들을 제시하였고 이를 일반화 시켰다. 하지만 리만의 함수정리가 고차원 열린 영역에서는 성립하지 않는듯 2차원 이상의 복소다양체에서는 균일화 정리와 같은 간단한 분류가 존재하지 않는다. 이에 복소기하를 연구하는 많은 수학자들이 복소다양체의 성질을 특성화하기 위해 다양한 방법으로 연구하고 있다.

3.5 대칭영역

길이와 곡률이 정의될 수 있는 공간을 생각하자. 이때 우리는 언제 이 공간이 대칭이라고 말하는가? 직관적으로 생각하면 직선은 곡선보다 더 대칭이고 원은 타원보다, 축구공은 럭비공보다 대칭적이다. 그러면 우리는 왜 이렇게 이야기 할 수 있을까? 이유는 곡률때문이다. 즉 직선, 원, 축구공은 곡률이 상수이고 곡선, 타원, 럭비공은 상수가 아닌 곡률을 가진다. 하지만 곡률이 상수인 공간은 아주 소수이기 때문에 좀 더 많은 대상을 아우를 수 있는 개념을 찾을 필요가 있다. 한 방법으로 곡률의 미분이 상수인 공간을 생각할 수 있고 이런 공간은 국소적 대칭공간(locally symmetric space)라고 부른다. 즉 곡률 텐서의 공변미분(covariant derivative)이 0인 공간을 국소적 대칭공간이라고 부른다. 이 정의는 공간의 모든 점에 근방 U가 존재하여 U에서 국소적으로 길이와 각도를 보존하는 함수, 즉 등거리변환(isometry) $f: U \to U$가 존재하고 $f \circ f = -id$를 만족한다는 것과 동치이다. 이 국소적인 등거리변환이 공간 전체에 확장될 수 있으면 이 공간을 대칭공간이라고 부른다. 대칭공간의 연구는 리군(Lie group)과 리대수(Lie algebra)를 이용하여 20세기 초에 Elie Cartan에 의해 깊이있게 연구되었고 모두 분류되었다. 1960년대 Koecher는 대칭공간을 대칭원뿔(symmetric cone)과 Jordan 대수를 이용하여 연구하였다.

만약 위에서 설명한 대칭공간이 복소다양체이고 등거리변환 f가 복소해석 함수이면 우리는 그 공간을 에르미트 대칭공간이라고 부른다. 에르미트 대칭공간은 크게 세가지 종류, 콤팩트하거나 콤팩트하지 않거나 유클리트 공간이거나로 나누어 진다. 특히 콤팩트 하지 않은 공간은 Borel의 매립(embedding)에 의해 어떤 콤팩트한 에르미트 대칭공간의 열린 영역이 되며 Harish-Chandra의 함수로 복소유클리드 공간에 볼록인 열린 영역, 즉 유계대칭영역(bounded symmetric domains)으로 나타내어 진다. 예를 들어 복소다양체중 단위공 $\mathbb{B}^n$은 복소사영공간 $\mathbb{P}^n$의 열린 공간과 쌍준동형이다.

에르미트 대칭공간은 복소기하 뿐만이 아니라 정수론, 대수기하, 미분기하 등에서도 오랜 시간동안 깊이 있게 연구되어온 다양체이다. 특히 콤팩트하지 않은 에르미트 대칭공간은 Hodge이론과 연관되어 수많은 수학자에 의해 연구되어오고 있다. 중요한 정리들이 아주 많이 있지만 그 중 한가지만 소개하고자 한다.

Theorem 3.5.1 (Sidney Frankel)**.** Ω는 복소유클리드 공간 $\mathbb{C}^n$의 볼록이고 Kobayashi 쌍곡(hyperbolic)인 열린 영역이라고 하자. 만약 Ω가 콤팩트한 복소다양체의 범피복다양체가 된다면 Ω는 유계대칭영역과 쌍준동형이다.

CHAPTER 4

Graph Theory

(Mark Siggers)

Introduction

In graph theory, a subfield of combinatorics, our basic strucure is a graph: a finite set of vertices in some of the pairs of vertices are related in a relation called the edge relation. Graphs are ideal for modelling such things as networks–physical, social, or relational. They describe basis mathematical structure, only one step above the structure of sets.

Graph theory is a relatively recent field of mathematics. It is often said to have started with Euler, in 1735, when he published his solution to the problem of the Bridges of Konigsburg, or in 1890 when Heawood found an error in Kempe's 1876 proof of the four-colour theorem. But graph theory did not really emerge as a field until the 1930s or 1940s when a group of Hungarians formed around the likes of Kőnig, Turán, Rényi, and the fabled Erdős, put it on solid footing.

Starting as collection of disparate 'homework problems', the field has grown to a field of deep and complicated theories. Notions of graph theory are basic to such fields as algebra, topology, number theory, and network analysis, and fundamental graph results used techniques from these fields as well as from probablility theory, ergodic theory and functional analysis.

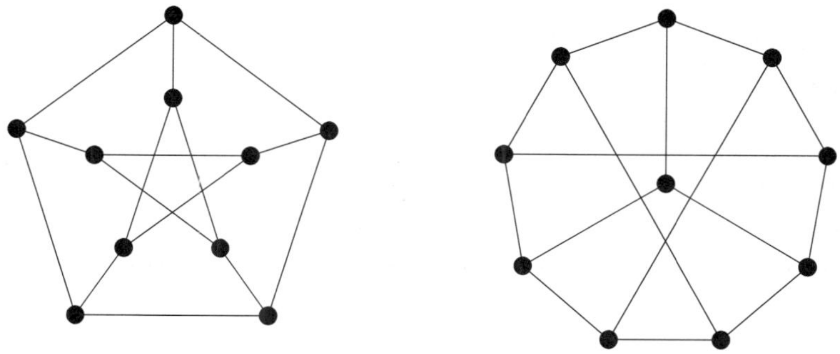

4.1 Basic Definitions

A good modern reference for basic Graph Theory is Douglas West's 'Introduction to Graph Theory' [11]. We follow this for notation.

Definition 4.1.1. A graph $G = (V, E)$ consists of a non-empty set V of *vertices* and a set E of 2-element subsets of V, called *edges*.

Example 4.1.2. The the two graphs pictured at the top of the page, are just two drawings of the same graph $G = (V, E)$ where $V = [10] = \{1, 2, \ldots, 10\}$ and $E = \{\{1, 2\}, \{2, 3\}, \ldots \{4, 1\}\} \cup \{\{6, 7\}, \{7, 8\}, \ldots \{10, 6\}\} \cup \{\{i, 4 + 2i\} \mid i \in [5]\}$.

This graph is well known as the *Petersen* graph, and sometimes called the 'universal counter-example'. Its nice symmetry lends to it having several nice properties that make it the first counter-example to many a spurious conjecture.

Definition 4.1.3. We often write $V(G)$ for V and $E(G)$ for E if we don't define the these sets for a graph G explicitly. We denote by n the *order* $|V(G)|$ of a graph G and by m its *size* $|E(G)|$. We often omit the names of vertices, as we did in our figure, or take them to be implicitly defined as $[n]$ or as $\{v_1, \ldots, v_n\}$.

There are a lot of definitions related to the fact that $e = uv$ is an edge of G. We say that the vertices u and v are *adjacent*, written $u \sim v$; that u and v are *neighbours*; that u and v are the *endpoints* of e; or that u (and v) is incident with e.

In graph theory, a basic subfield of combinatorics, the first thing we do once we define something is to count it.

> How many graphs are there with 4 vertices?

Did you reason that there are $\binom{4}{2}$ possible edges and that each is in the graph or not, so answer that there are $2^{\binom{4}{2}}$ graphs, or did you ignore the vertex names and count only 12 different graphs on four vertices? We should have been more clear with our question. There are $2^{\binom{4}{2}}$ *labelled* graphs on 4 vertices, and 12 *unlabelled*, or non-isomorphic, graphs on 4 vertices. Generally we are interested in *graph properties*, those properties of a graph that are unchanged under isomorphism, so we usually consider the set of non-isomorphism graphs. But considering labelled graphs can be nice for counting, and can be a useful tool.

> Here are some typical questions about a graph G. Answer them for the Petersen graph.
>
> - How many colours do we need, when colouring the vertices of G to be sure that adjacent vertices get different colours.
> - Can you draw G without intersecting edges?
> - How many edges (vertices) must you remove to *disconnect* G?
> - For any two pairs of vertices u, u' and v, v' can you find a *path* between u and u', and another between v and v', such that the two are disjoint?
> - What is the smallest *cycle* in G?
> - How many 5-cycles are there in G?

- Can we partition the edges of G into disjoint 5-cycles?
- Can we find a *walk* in G that visits every vertex (edge) exactly once?

Some Common Graphs

We define some common graphs, but will apply these names to any graph that is isomorphic. See Figure 4.1.

- The complete graph on n vertices, K_n, has $V(K_n) = \{v_1, v_2, \dots v_n\}$ and $E(K_n) = \{v_i v_j \mid 1 \leq i < j \leq n\}$.
- The n-path, or path of length n, P_n, has $V(P_n) = \{v_0, v_1, \dots v_n\}$ and $E(P_n) = \{v_i v_{i+1} \mid i = 0, \dots, n-1\}$.
- The n-cycle, or cycle of *girth* n, C_n, has $V(C_n) = \{v_1, v_2, \dots v_n\}$ and $E(C_n) = \{v_i v_{i+1} \mid i = 1, \dots, n-1\} \cup \{v_n v_1\}$.
- The complete bipartite graph, $K_{m,n}$, has $V(K_{m,n}) = \{a_1, \dots a_m\} \cup \{b_1, \dots, b_n\}$ and $E(K_{m,n}) = \{a_i b_j \mid i \in [m], j \in [n]\}$.
- The n-cube, Q_n, $V(Q_n)$ is the set of binary strings of length n, vertices u and v are adjacent if they differ in exactly one coordinate.

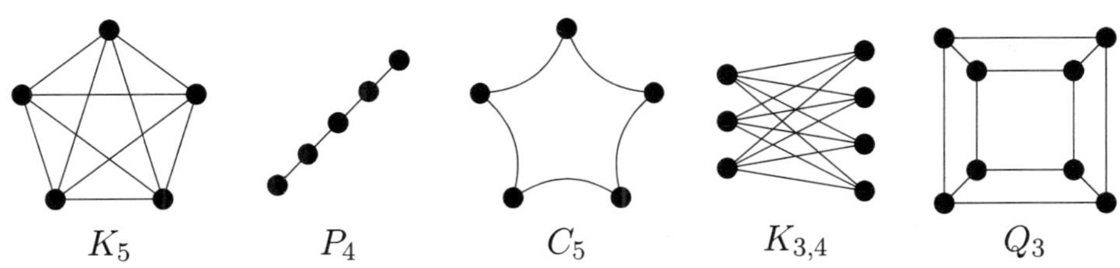

Fig. 4.1. Some common graphs

Subgraphs

As always, we need to talk of substructures of our structure.

Definition 4.1.4. A graph G' is a *subgraph* of G, written $G' \leq G$ if $V(G') \subset V(G)$ and $E(G') \subset E(G)$. A subgraph G' of G is *spanning* if $V(G') = V(G)$, or *induced* if $E(G') = \{uv \in E(G) | u, v \in V(G')\}$. A subgraph G' of G is a *proper* subgraph of G if $E(G')$ is a proper subset of $E(G)$.

> How many non-isomorphic subgraphs are there of K_4? How many of them are proper? ...spanning? ...induced? ...spanning induced and proper? How may (isomorphic) copies of K_3 are there in K_4?

Observe that we have already counted the number of spanning subgraphs of K_4. This is just the number of graphs on 4 vertices.

4.2 Euler's Theorem

It is often told that the first problem of graph theory was the problem of the Bridges of Königsberg. In the fictional city of Königsberg (Problem: prove or disprove my unpopular claim that Königsberg is fictional.) there were seven bridges. The dandies of the city, on a slow Sunday, would walk about the town, playing a riddlish game. Starting anywhere they pleased, they were to walk around, crossing every bridge, without crossing any bridge more than once. This game went on for centuries, and several liars claimed to have done it. Fermat once wrote in the margin of a book that it was simple enough. Until eventually, Euler proved it was impossible, and stabbed Fermat in a dual. (Prove that any of this is true.)

The city of Königsburg consisted of four dots, connected by seven bridges. It looked a lot like this:

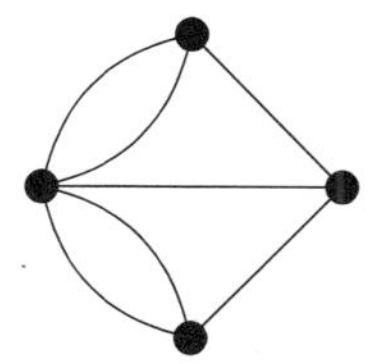

How Euler proved it is lost in the depths of historical fiction. But our story inspires the following definitions.

Definition 4.2.1. Let x and y be vertices in a graph G. An *xy-walk* is a finite alternating sequence of vertices and edges:

$$x = x_0, e_1, x_1, e_2, e_2, \dots, x_{n-1}, e_n, x_n = y$$

where $e_i = x_{i-1}x_i$ for $i = 1, \dots n$. However, we usually write just the vertices: $x_0, x_1, \dots x_n$.

An xy-walk is an *xy-trail* if no edge is repeated, and is an *xy-path* if no vertex is repeated. It is *closed* if $x = y$. A closed circuit is an *eulerian circuit* if it contains every edge exactly once, and every vertex. A graph is *eulerian* if it contains an eulerian circuit.

One easily observes that an eulerian graph G must be *connected*, that is, for any vertices x and y there must be a xy-path in G, and that the *degree* of every vertex (the number of edges it occurs in) must be even. The following is what Euler claims to have proved.

Theorem 4.2.2. A connected graph is eulerian if and only if all of its vertices have even degree.

The idea of the proof is simple. Start walking on the graph as some vertex v_0. Whenever you arrive at a vertex other than v_0, it you have arrived at it one more time than you have left it, so it has an edge remaining that you have not used. So you can keep walking until you arrive at v_0. If you have used all the edges, you have made an eulerian circuit, if not, there is some vertex v_i with an edge e that you have not used. So try again, starting at v_i and walking the same circuit you just walked. This time when you complete the circuit, you can continue along e.

Proof We have already begged out of proving the easy implication that an eulerian graph is connected and every vertex has even degree.

In the other direction, assume that G is a connected graph in which every vertex has even degree. We must show that there is an eulerian circuit in G. If G has no edges, then we are done, as the edgeless walk x_0 on a one vertex graph is technically an eulerian circuit. So we may assume that G has edges. It is therefore clear that G contains a trail, and so, being finite, contains a longest trail $T = v_1, v_2, \dots v_\ell$.

First observe that T must be closed. Indeed, if it were not, then the degree of v_ℓ in G is odd by our informal argument above, so there is another edge in G incident to v_ℓ. Adding this to T, we would yield get a longer trail in G, which contradicts our choice of T. So no edge occurs in T more than once.

If T does not contain all edges of G, then $G' = G \setminus T$ is non-empty. As G is connected, some edge $e = u_1u_2 \in G'$ has at least one endpoint $u_1 = v_i$ in $V(T)$. Letting $T' = u_1, u_2, \dots, u_{\ell'}$ be a maximal trail in G' that begins with u_1u_2 we again get that T' must be closed; that is $u_{\ell'} = u_1 = v_i$. But then

$$v_1, v_2, \dots, v_i, u_1, u_2, \dots u_{\ell'}, v_{i+1}, \dots, v_\ell$$

is an longer trail than T in G, which again is a contradiction. So T contains all edges of G, and so is an eulerian circuit. □

Note:

The graph of Königsburg at the start of this section is not a really a graph. Indeed there are edges that occur twice. It is a structure that what we call a *multigraph.* Euler proved his theorem for *general graphs* in which such multiedges are allowed, and in which vertices may also have loops–edges of the form u, u, which count twice for the degree of the vertex u. There is also a structure called a *directed graph*, or digraph, in which edges are ordered pairs (u, v) rather than unordered pairs $\{u, v\}$, and there is a version of Euler's theorem for digraphs. What do you suppose it is?

4.3 Planar Graphs

Can we draw the Petersen graph in the plane so that no edges cross? A graph G is *planar* if it can be drawn in the plane with no edges crossing. A drawing of the graph in the plane with no edges crossing is called an *(planar) embedding* of G.

Show that K_4 is planar but that K_5 is not.

We can show that K_5 is not planar by ad-hoc arguments, but such arguments are difficult for larger graphs. That's okay though. That K_5 is not planar tells us that a lot of other graphs are not planar.

Show that no graph containing K_5 as a subgraph, can be planar. Use the fact that K_5 is not planar to show that the Petersen graph is not planar.

Definition 4.3.1. A *subdivision* of a graph G is a graph we get from G by dividing edges. That is, G' is a subdivision of G if we can construct it by repeated application of the following alteration, called an *edge subdivision.*

- remove an edge $e = ab$,
- add a new vertex v_e,
- add the edges av_e and bv_e.

It should be pretty clear that because K_5 is not planar, no subdivision of K_5 is planar. So no graph containing a subdivision of K_5 as a subgraph is planar. Can you think of any other graphs that are not planar? Please don't look ahead. It will ruin the surprise.

Okay. I can't stop you from looking ahead. Here's the surprise. $K_{3,3}$ is also not planar, and has no subdivision of K_5. But that is essentially it. Kuratowski showed the following.

Theorem 4.3.2 (Kuratowski's Theorem)**.** A graph is planar if and only if it contains no subdivision of K_5 or $K_{3,3}$ as a subgraph.

We won't prove this, as it is a little involved. But we should show that $K_{3,3}$ is not planar. One can do this with ad-hoc arguments. But we can also do it more methodically.

Euler's Formula

A planar embedding of a graph G defines *faces* in the plane: the little bits of plane you get by cutting along all the edges of the embedded graph. Where $|V(G)| = n$ and $|E(G)| = m$ and f is the number of faces. Euler showed the following fundamental identity.

Theorem 4.3.3 (Euler's Formula)**.** For any embedding of a connected graph G in the plane,

$$n - m + f = 2.$$

A *tree* is a connected graph containing no cycles. An edge is a *cut-edge* if its remove increases the number of maximal connected subgraphs (or *components*) of the graph.

Proof The proof is by induction on m. As G is connected, $m \geq n-1$. If $m = n-1$ then G is a tree, so there is only one face, and the identity holds. This is our base case. Now assume that $m \geq n$. Then there is an non-cut edge e. Remove it. Its removal joins two faces, so reduces f by one, but also reduces e by one. So the identity holds from the induction hypothesis. □

Corollary 4.3.4. If G is connected and planar and $n \geq 3$, then

$$m \leq 3n - 6.$$

Proof Count the number N of pairs (e, r) where e is an edge, and r is a face with e on the boundary. As every edge is in at most 2 faces, we have that $N < 2m$ and as every face has at least 3 edges, $3f < N$, so

$$f \leq N/3 \leq \frac{2}{3}m.$$

Plugging this into $n - m + f = 2$ gives that

$$n - m/3 = n - m + \frac{2}{3}m \geq 2$$

so $m \leq 3n - 6$ as needed. □

> Use this corollary to show that K_5 and $K_{3,3}$ are not planar.

> Show that any planar graph has a vertex of degree at most 5.

4.4 The Four-colour Theorem

Definition 4.4.1. A *k-colouring* of a graph G is a function $f : V(G) \to [k]$ such that

$$u \sim v \Rightarrow f(u) \neq f(u).$$

If G has a k-colouring, it is *k-colourable.* The *chromatic number* $\chi(G)$ of G is the minimum k for which G is k-colourable. If $k = \chi(G)$, we also say that G is *k-chromatic.*

Show that a graph is 2-colourable if and only if it contains an odd cycle.

It is hard to decide if a graph is 3-colourable. In fact, it is NP-complete to decide this. This means, that the best algorithm known for deciding is a given graph G has a 3-colouring has a running time that is exponential in the size of G. If $P \neq NP$, then there exists no algorithm that completes in less than exponential time.

So it is hard to colour graphs, and hard to find their chromatic numbers. But we sure try.

Definition 4.4.2. The *clique number* $\alpha(G)$ of a graph G is maximum c such that K_c is a subgraph of G. The independence number $\beta(G)$ is the maximum size of a subset of vertices inducing no edges.

Show that $\chi(G) \geq \lvert V(G)\rvert / \beta(G)$.

Definition 4.4.3. A graph G is k-critical if it is k-chromatic, but any proper subgraph is $(k-1)$-colourable.

> Show that any k-chromatic graph contains a k-critical graph as a subgraph. Show that no k-critical graph G can have a vertex of degree less than $k-1$. Conclude that any planar graph is 6-colourable.

In fact, more is true:

Theorem 4.4.4. (The Four-Colour Theorem [Haken-Appel 1976]) Any planar graph is 4-colourable.

The proof of this is very long and difficult. But let us prove that every planer graph is 5-colourable. This proof is due to Heawood, but is based on Kempe's erroneous proof for 4-colours.

Theorem 4.4.5. Every planar graph is 5-colourable.

Proof Our proof is by contradiction. Assuming there is a non-four colourable planar graph, we assume that G is the smallest. On removing a vertex v_0 we have a 5-colouring f of given embedding of the resulting graph G'. By Corollary 4.3.4 of Euler's formula we may assume that v_0 had degree 5 in G, so we label its neighbours as $1, 2, 3, 4$, and 5, so that they occur in this order as we go clockwise around v_0. If f does not assign distinct colours to these vertices, then v_0 can be coloured the missing colour, yielding a 5-colouring of G. Thus we may assume that $f(i) = i$ for each of these neigbours of v_0.

Now, consider the subgraph C_{13} of G' induced by the vertices of colours 1 and 3. If the vertices 1 and 3 are not in the same component of this subgraph, then we may toggle the colours 1 and 3 on all vertices in the same component as 1, and so get a new 5-colouring of G' which does not assign distinct colours to the neighbours of v_0. By our previous argument, we are then done, so we may assume that 1 and 3 are in the same component of C_{13}.

Similarily we may assume that 2 and 4 are in the same component of the subgraph C_{24} induced by the vertices of colour 2 and 4. But the vertices 2 and 4 are on different faces of the embedding of the subgraph of G induced by $V(C_{13}) \cup \{v_0\}$, so some edge of C_{24} must cross one of these edges. □

4.5 Ramsey's Theorem

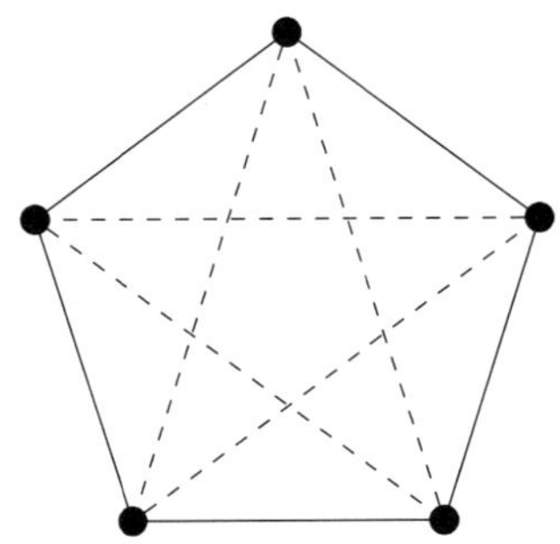

Ramsey, the precocious economist, was at a party one day and went to introduce one friend to another. It turned out that they already knew each other. He wondered, "What are the chances?" He asked, "How many people must there be at a party to ensure that there are either t people all who known each other, or t people none of who know each other?" Must there even be such a number? Ramsey prove that there was.

A graph theorist states this as follows.

> What is the minimum $r = r(s,t)$ such that for every colouring of the edges of K_n with blue and red, there is a blue copy of K_s or a red copy of K_t?

Well this is a hard question. But for $(s,t) = (3,3)$ it is not so hard. The edge-coloured graph at the start of this section shows that $r(3,3) \geq 6$, we show now that $r(3,3) \leq 6$, and so $r(3,3) = 6$.

Theorem 4.5.1. The ramsey number $r(3,3)$ is 6.

Proof Let the edges of K_6, on the vertices $[6]$, be coloured red and blue. The vertex 1 is adjacent to five edges, of which at least three must be the same colour. We assume without loss of generality that the edges to $2, 3$ and 4 are red. If all edge induced by the vertices $2, 3$ and 4 are blue, then we have a blue K_3 on $\{2, 3, 4\}$ and are done. So we may assume that the edge $\{2, 3\}$ is red, and so $\{1, 2, 3\}$ induces a red K_3. □

By induction, a similar proof can be used to show that

$$r(t, t) \leq 2^{2t}$$

for all $t \geq 3$.

On the other hand, Erdős gave the following proof, one of the early applications of probability to graph theory.

Theorem 4.5.2 (Erdős). For all $t \geq 3$ we have $r(t, t) > 2^{t/2}$

Proof Red-blue colour the edges of K_n by letting each edge (independently) be blue with probability $1/2$. For a random set S of vertices, the probability that S induces a mono-chromatic K_t is

$$2 \cdot \left(\frac{1}{2}\right)^{\binom{t}{2}} = 2^{1-\binom{t}{2}}.$$

There are $\binom{n}{b}$ such sets, so the probability that at least one is monochromatic is less than

$$\binom{n}{t}\frac{2}{2^{\binom{t}{2}}} < \frac{n^t}{t!}\frac{2}{2^{\binom{t}{2}}} = \frac{n^t}{2^{t^2/2}}\frac{2^{1+t/2}}{t!} < \frac{n^t}{2^{t^2/2}}.$$

Setting $n = 2^{t/2}$, this is less than 1, so some random colouring of K_n yields no mono-chromatic K_t. Thus $r(t, t)$ must be greater than $2^{t/2}$. □

Apart from $r(3, 3)$ we know very few ramsey numbers exactly. The above bounds have been improved, but not by much, the gap between the upper and lower bounds for $r(t,t)$ remains exponential in t. We do know a few of the values though. We know:

s,t	3	4	5
3	6		
4	9	18	
5	14	25	$43-49$
6	18	$35-41$	$58-87$
7	23	$49-61$	$80-143$

We do not even know $r(5,5)$. One might think we should be able to get it with computers, but we are dealing then with a graph on at least 43 vertices. This has more than $2^{\binom{43}{2}} \approx 2^{900}$ edge colourings, and computers are far from dealing with such numbers. Erdős is said to have said that if an advanced race of aliens were to come and threaten to destroy us unless we computed $r(5,5)$ in the next year, then we should pool all earthly resources and try to compute it. If they asked for $r(6,6)$ we would do better to try to destroy the aliens. Some have suggested we just tell them that it is 44, to say that Fermat wrote it in the margin of his journal.

4.6 Exercises

1. How many non-isomorphic subgraphs are there of K_5 having exactly 5 edges.

2. An eulerian trail in a connected graph G is a trail that contains each edge of G exactly once. Given necessary and sufficient conditions for a connected graph G to have an eulerian trail.

3. What is the chromatic number of:

   $(a)\, K_n$ $\quad (b)\, C_n$ $\quad (c)\, Q_n$ $\quad (d)\, W_n$ $\quad (e)$ The Petersen graph?

CHAPTER 5

Algebraic Graph Theory

(Jongyook Park)

Introduction

In this chapter, we introduce algebraic graph theory in which algebraic methods are applied to problems about graphs. There are three main branches of algebraic graph theory, involving the use of linear algebra, the use of group theory and the study of graph invariants. We (only) introduce the first one, involving the use of linear algebra, in this chapter. It studies the eigenvalues (or spectrum) of a matrix corresponding to a graph. In the first section, we introduce the adjacency matrix and eigenvalues of a graph and give some properties of them. In the second section, we provide methods of using eigenvalues. And in the last section, we introduce strongly regular graphs and find eigenvalues of stronly regular graphs from parameters of them.

We note that this chapter has been written based on [4] and wikipedia and that most of results are given without proofs.

5.1 Graphs and Matrices

There are several kinds of matrices that are corresponding to graphs, for example the adjacency matrix, the incidence matrix, the Laplacian matrix and the Seidel matrix. We study graphs by considering such matrices and want to determine properties of graphs from algebraic properties of such matirices. In this section, we will focus on the adjacency matrix of a graph.

5.1.1 The Adjacency Matrix

Before we define the adgacency matrix of a graph, we introduce the definition of a matrix.

Definition 5.1.1. A *matrix* is a rectangular array of numbers (or symbols) arranged in rows and columns. If the matrix has n rows and m columns, then it is called $n \times m$ *matrix*, where n and m are natural numbers. And the element at the *ith* row and *jth* column of the matrix is called the (i, j)-*entry* of the matrix.

Below, we define the sum and the product of two matrices.

Definition 5.1.2. Let n, m, l be natural numbers. Assume that A, B and C are $n \times m$, $n \times m$ and $m \times l$ matrices respectively. Then,

i) the sum of two matrices A and B is the matrix with n rows and m columns and the (i, j)-entry is equal to the sum of (i, j)-entries of A and B for $1 \leq i \leq n$ and $1 \leq j \leq m$.

ii) the product of two matrices A and C is the matrix with n rows and l columns and the (i, j)-entry is equal to $\sum_{k=1}^{m} a_{ik}c_{kj}$, where a_{ik} and c_{kj} denote the (i,k)-entry of A and (k,j)-entry of C respectively for $1 \le i \le n$ and $1 \le j \le l$.

Example 5.1.3. The matrices A, B and C below are 2×3 and 2×3 and 3×2 matrices respectively. The $(2,3)$-entry of A is 6. Also, the sum of A and B and the product of A and C are the matrices D and F respectively.

$$A = \begin{bmatrix} 1 & 3 & 2 \\ -3 & -4 & 6 \end{bmatrix}, B = \begin{bmatrix} 2 & -2 & 3 \\ 1 & 5 & -4 \end{bmatrix}, C = \begin{bmatrix} 1 & 2 \\ 2 & 3 \\ 3 & 4 \end{bmatrix},$$

$$D = \begin{bmatrix} 3 & 1 & 5 \\ -2 & 1 & 2 \end{bmatrix} \text{ and } E = \begin{bmatrix} 13 & 19 \\ 7 & 6 \end{bmatrix}$$

Now, we define the adjacency matrix of a graph.

Definition 5.1.4. For a graph G, the *adjacency matrix* $A := A(G)$ of the graph G is the $n \times n$ matrix whose rows and columns are indexed by the vertices of G and the (x,y)-entry of A is 1 whenever x and y are adjacent and 0 otherwise, where n denotes the number of vertices of G.

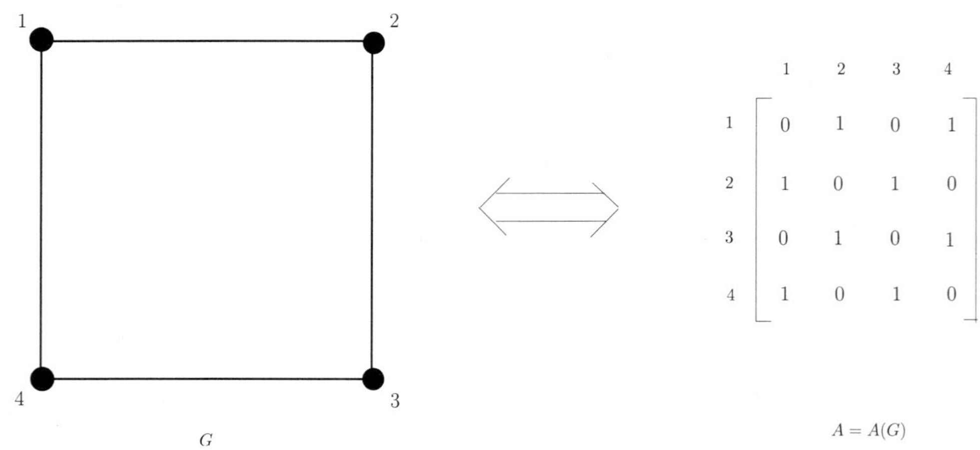

Fig. 5.1. The 4-cycle and its adjacency matrix

Figure 5.1 shows the adjacency matrix of the 4-cycle. We define eigenvalues of a graph to study algebraic methods.

Definition 5.1.5. For a graph G with n vertices and its adjacency matrix A, a real number θ is called *eigenvalue* of G if there is an $n \times 1$ matrix $\mathbf{v}$ with at least one non-zero entry satisfying $A\mathbf{v} = \theta\mathbf{v}$, where $\mathbf{v}$ is called an *eigenvector* of G corresponding to θ.

Example 5.1.6. We will consider the graph G and its adjacency matrix A given in Figure 5.1. Let $\mathbf{v}$ and $\mathbf{w}$ be 4×1 matrices as given below. Then $A\mathbf{v} = 2\mathbf{v}$ and $A\mathbf{w} = (-2)\mathbf{w}$. This means that 2 and -2 are eigenvalues of G, and $\mathbf{v}$ and $\mathbf{w}$ are eigenvectors corresponding to 2 and -2 respectively.

$$\mathbf{v} = \begin{bmatrix} 1 \\ 1 \\ 1 \\ 1 \end{bmatrix}, \mathbf{w} = \begin{bmatrix} 1 \\ -1 \\ 1 \\ -1 \end{bmatrix}.$$

Remark 5.1.7. For the adjacent matrix A of a graph G, one can easily see that if $\mathbf{v}$ and $\mathbf{w}$ are eigenvectors of A corresponding to different eigenvalues, then $\mathbf{v}$ and $\mathbf{w}$ are orthogonal, i.e., the inner product of $\mathbf{v}$ and $\mathbf{w}$ is equal to 0.

We recall that for two vertices x and y of a graph G, an xy-walk of length r is an alternating sequence of r vertices. The followng lemma gives a way of finding the number of xy-walks of lengh r.

Lemma 5.1.8. Let G be a graph with adjacency matrix A. Then the number of xy-walks of lengh r in G is equal to the (x, y)-entry of A^r.

Definition 5.1.9. For a natural number n, the *trace* of an $n \times n$ matrix A is the sum of its (i, i)-entries $(1 \leq i \leq n)$ and is denoted by $\mathrm{tr}A$.

Lemma 5.1.8 shows that the number of closed walks of length r in G is equal to $\mathrm{tr}A^r$. Hence, we have the following results.

Corollary 5.1.10. Let G be a graph with adjacency matrix A. If G contains e edges and t triangles, then

i) $\mathrm{tr}A = 0$,

ii) $\mathrm{tr}A^2 = 2e$,

iii) $\mathrm{tr}A^3 = 6t$.

5.2 Interlacing

In this section, we give two powerful ways of using eigenvalues to obtain graph-theoretic information. Let G be a graph. We first show that the eigenvalues of an induced subgraph of G interlace the eigenvalues of G. And we show that the set of eigenvalue of a quotient matrix of G is a subset of the set of eigenvalues of G.

Theorem 5.2.1. Let G be a graph with n vertices and let H be an induced subgraph of G with $m \leq n$ vertices. Assume that G and H have eigenvalues $\theta_1(G) \geq \theta_2(G) \geq \ldots \geq \theta_n(G)$ and $\theta_1(H) \geq \theta_2(H) \geq \ldots \geq \theta_m(H)$ respectively. Then for $i = 1, \ldots, m$,

$$\theta_{n-m+i}(G) \leq \theta_i(H) \leq \theta_i(G).$$

This theorem is so called the *interlacing theorem*, and it gives a way of finding or bounding eigenvalues of a graph from eigenvalues of its induced subgraphs.

Definition 5.2.2. For a set S, a set $P = \{P_1, \ldots, P_r\}$ is called a *partition* of S if

$$P_1 \cup \cdots \cup P_r = S \text{ and } P_i \cap P_j = \emptyset \ (1 \leq i \neq j \leq r),$$

where r is a natural number.

Definition 5.2.3. For a graph G with vertex set V, a partition $\pi = \{\pi_1, \ldots, \pi_r\}$ of V is called *equitable*, if there exist numbers α_{ij} such that each vertex in π_i has exactly α_{ij} neighbors in π_j $(1 \leq i, j \leq r)$, where r is a natural number.

For a graph G with adjacency matrix A, if it has an equitable partition $\pi = \{\pi_1, \ldots, \pi_r\}$ then we define a matrix A/π such that the (i,j)-entry of A/π is equal to α_{ij} $(1 \le i, j \le r)$, where r is a natural number. Note that the matrix A/π is called the *quotient matrix* of A with respect to π.

Theorem 5.2.4. Let G be a graph with adjacency matrix A. Assume that G has an equitable partition $\pi = \{\pi_1, \ldots, \pi_r\}$. Then the set of eigenvalues of A/π is a subset of the set of eigenvalues of G.

Let us consider the following examples. Let G be the 4-cycle with vertex set $V = \{1, 2, 3, 4\}$, edge set $E = \{12, 23, 34, 41\}$ and adjacency matrix A. Let $\pi = \{\{1, 4\}, \{2, 3\}\}$ be an equitable partition of V. Then the matrix A/π given in Figure 5.2 has eigenvalues 2 and 0. Also, from another equitable partition $\pi' = \{\{1, 3\}, \{2, 4\}\}$ of V, we obtain A/π' as given in Figure 5.2, and we find that A/π' has eigenvalues 2 and -2. Hence we conclude that G has eigenvalues $2, 0, 0$ and -2 by Corollary 5.1.10 and Theorem 5.2.4.

5.3 Strongly regular graphs

In this section, we introduce strongly regular graphs and show that the eigenvalues of them are determined by their parameters.

Definition 5.3.1. A graph G is called *k-regular* if each vertex of G has exactly k neighbors. A k-regular graph G with n vertices is called *stronly regular* with parameters (n, k, a, c) if every pair of adjacent vertices has a common neighbors and every pair of distinct nonadjacent vertices has c common neighbors.

Example 5.3.2. A simple example is given in Figure 5.2. The 4-cycle is strongly regular with parameters $(4, 2, 0, 2)$ as it is 2-regular such that adjacent vertices have no common neighbors and distinct nonadjacent vertices have 2 common neighbors.

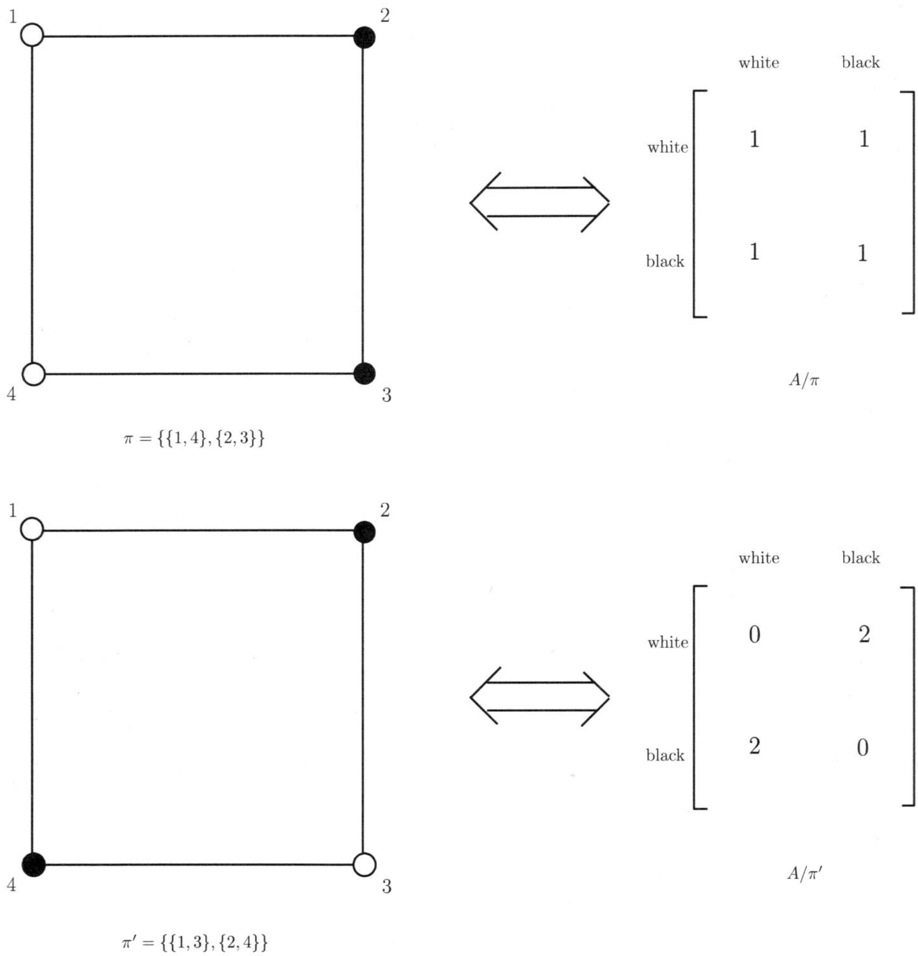

Fig. 5.2. Equitable partitions π and π' and quotient matrices A/π and $A\pi'$

Now, we determine eigenvalues of a strongly regular graph from its parameters. Let G be a strongly regular graph with parmeters (n, k, a, c). Assume that A is the adjacency matrix of G. As the (x, y)-entry of A^2 is the number of walks of length 2 from the vertex x to the vertex y, the number is determined by whether x and y are equal, adjacent, or distinct and nonadjacent. Thus, we obtain the following equation

$$A^2 = kI + aA + c(J - I - A),$$

where I is the $n \times n$ identity matirx and J is the all one matrix. The above equation can be rewritten as

$$A^2 - (a-c)A - (k-c)I = cJ.$$

Since G is k-regular, it has k as an eigenvalue with eigenvector $\mathbf{1}$, where all entries of $\mathbf{1}$ are 1. By Remark 5.1.7, we know that any other eigenvector of A is orthogonal to $\mathbf{1}$. Then for an eigenvector $\mathbf{v}$ of A with eigenvalue $\theta \neq k$, we obtain

$$A^2\mathbf{v} - (a-c)A\mathbf{v} - (k-c)I\mathbf{v} = cJ\mathbf{v} = \mathbf{0}.$$

Thus, we have

$$\theta^2 - (a-c)\theta - (k-c) = 0.$$

This shows that the eigenvalues θ different from k must be zeros of the quadratic equation

$$x^2 - (a-c)x - (k-c) = 0.$$

Hence, a strongly regular graph G with parameters (n, k, a, c) has three distinct eigenvalues

$$k,\ \theta = \frac{(a-c)+\sqrt{(a-c)^2+4(k-c)}}{2} \text{ and } \tau = \frac{(a-c)-\sqrt{(a-c)^2+4(k-c)}}{2}.$$

On the other hand, it is known that a connected regular graph with exactly three distinct eigenvalues is strongly regular. Thus we conclude that a non-complete connected regular graph is strongly regular if and only if it has three distinct eigenvalues.

Example 5.3.3. A well-known example of strongly regular graphs is the Petersen graph. It has parameters $(10, 3, 0, 1)$, and three distinct eigenvalues 3, 1 and -2.

Remark 5.3.4. By considering an equitable partition of the vertex set of the Petersen graph, we also easily compute the three eigenvalues of the Petersen graph. In Figure 5.3, we give an equitable partition π of the vertex set of the Petersen graph, where $\pi = \{\{\{circles\}, \{triangles\}, \{rectangles\}\}$. From the equitable partition π, we obtain the quotient matrix A/π of the adjacency matrix A of the Petersen graph as follows:

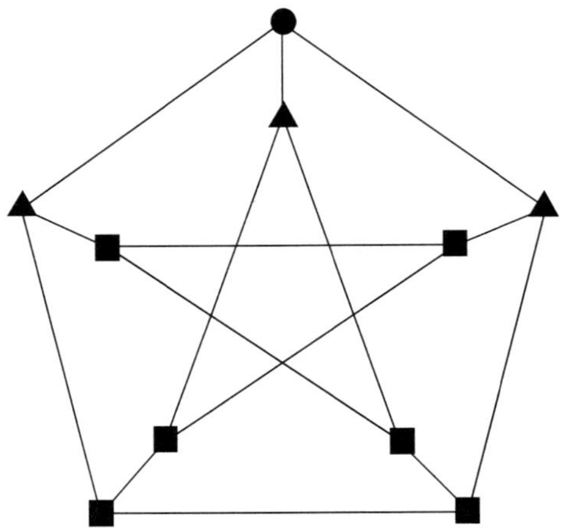

Fig. 5.3. An equitable partition of the vertex set of the Petersen graph

$$A/\pi = \begin{bmatrix} 0 & 3 & 0 \\ 1 & 0 & 2 \\ 0 & 1 & 2 \end{bmatrix}.$$

We compute the eigenvalues of A/π, and then we know that the Petersen graph has eigenvalues 3, 1 and -2.

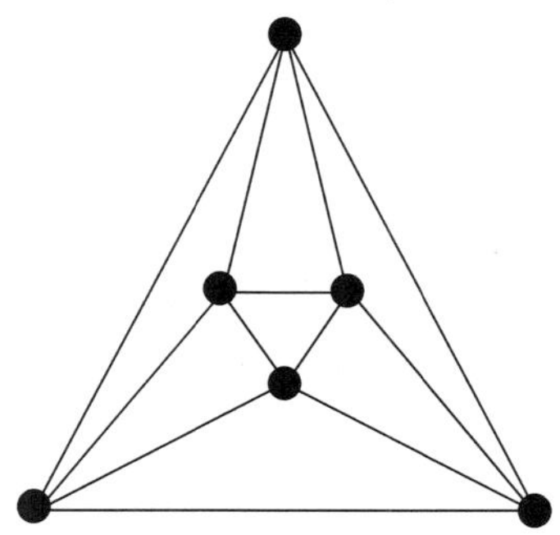

Fig. 5.4. The Octahedron

5.4 Exercises

1. Prove Lemma 5.1.8.

2. Compute the eigenvalues of $\begin{bmatrix} 0 & 3 & 0 \\ 1 & 0 & 2 \\ 0 & 1 & 2 \end{bmatrix}$.

3. The Octahedron given in Figure 5.4 is strongly regular with parameter $(6, 4, 2, 4)$. Find the three distinct eigenvalues of it.

CHAPTER 6

Partial Differential Equations

(김성학 & 오제한)

Introduction

우리 주위에서 일어나는 자연현상들은 대부분 수학적 언어인 미분방정식으로 나타낼 수 있다. 근대 이론과학의 선구자 Isaac Newton (1642–1727)은 미적분의 토대를 다지면서 물체의 운동법칙을 미분방정식의 형태로 표현하였다. 연속적으로 변하는 모든 운동들은 어떤 상태에서 다른 상태로 '변화' 하기 때문에 미분방정식으로 표현될 수 있다. 그 이후 수많은 자연현상들을 기술할 수 있는 많은 미분방정식들이 차례로 발견되었다. 미분방정식은 고전역학뿐만 아니라, 열이나 소리의 전파, 유체의 흐름, 전자기학 등과 같이 여러 개의 변수를 가지고 있는 함수들과 관련된 물리적 문제들을 서술하는데 매우 적합하게 쓰인다. 이에 따라 과학은 수학에 더욱 의존하게 되었고, 그 중에서도 특히 미분방정식과 밀접한 관련이 있는 물리학은 수학과 함께 발전하였다.

미분방정식은 물리학 관련 분야 이외에도 다양한 현상을 나타내거나 이에 대한 결과를 응용할 때 유용하게 사용된다. 미분방정식을 기반으로 화학에서는 화학반응의 속도를 계산하고, 생물학에서는 먹이사슬에서 생물군집의 개체 수 변화를 분석할 수 있다. 공학에서는 미분방정식으로 나타나는 모델의 해를 구함으로써, 다리, 자동차, 비행기, 전기회로, 하수도 등을 만드는 데에 이용하고 있다. 또한, 사회학 분야에서는 인구증감의 이론을 다룰 때, 그리고 금융공학 분야에서는 옵션, 선물(futures) 등과 같은 파생상품의 가격을 계산할 때 미분방정식이 등장한다. 이처럼 미분방정식은 물리학, 화학, 생물학, 공학, 사회학, 금융공학 등 수학 외의 학문에서 중요한 역할을 하고 있으며, 특히 물리학의 열역학, 유체역학, 천체역학 분야 등에서 물리적 현상에 대한 수학적 모델을 만들 때에도 사용된다. 우리 주위에서 일어나는 수많은 현상들을 수학적으로 공식화하기 위해 미분방정식이 사용되므로 활용범위가 매우 넓을 뿐 아니라, 수학적인 기초 이론들을 바탕으로 다양한 문제들의 해결을 돕는다. 따라서 미분방정식은 순수수학 및 응용수학의 여러 분야에 걸쳐있는 넓은 학문이라고 할 수 있다.

더 구체적이고 수학적인 내용들은 다음 두 절에서 알아보도록 하자.

6.1 미분방정식

미분방정식은 상미분방정식과 편미분방정식으로 구분할 수 있다. 상미분방정식은 일변수 함수와 그 함수의 도함수로 이루어진 방정식이고, 편미분방정식은 다변수 함수와 그 함수의 편도함수로 이루어진 방정식이다.

6.1.1 상미분방정식

실수전체집합을 $\mathbb{R}$로 표기한다. 또한, 자연수 n에 대하여 n차원 유클리드 공간을 다음과 같이 정의한다.

$$\mathbb{R}^n = \{(x_1, \ldots, x_n) \,|\, x_1, \ldots, x_n \in \mathbb{R}\}$$

일변수 함수의 극한과 미분

Definition 6.1.1. 열린 구간 I에 대하여 $a \in I$이고, $L \in \mathbb{R}$이라 하자. 임의의 양수 ϵ에 대응하는 양수 δ가 존재하여 다음을 만족할 때, 함수 $f : I \setminus \{a\} \to \mathbb{R}$은 점 $x = a$에서 **극한값** L을 갖는다고 하고, $\lim_{x\to a} f(x) = L$로 나타낸다.

$$x \in I,\ 0 < |x - a| < \delta \Longrightarrow |f(x) - L| < \epsilon$$

또한, 함수 f가 점 $x = a$에서 정의되어 있고, $\lim_{x\to a} f(x) = f(a)$인 경우, f는 $x = a$에서 **연속**이라한다.

Definition 6.1.2. 열린 구간 I에 정의된 함수 $f : I \to \mathbb{R}$에 대하여 점 $x = a \in I$에서 극한

$$f'(a) := \lim_{h\to 0} \frac{f(a+h) - f(a)}{h}$$

이 존재할 때, f는 $x = a$에서 **미분가능**하다고 하고, 극한값 $f'(a)$를 f의 $x = a$에서의 **도함수**라 한다.

함수 f가 구간 I의 모든 점에서 미분가능하면, f는 I에서 **미분가능**하다고 한다.

함수 f가 구간 I에서 미분가능할때, 도함수 f'도 I에서 미분가능하면 그 도함수 $f'' := (f')'$을 f의 **이차 도함수**라 한다. 마찬가지로 자연수 k에 대하여 함수 f가 k번 미분가능할 경우 **k차 도함수** $f^{(k)}$를 정의할 수 있다.

상미분방정식

열린 구간 I와 자연수 n에 대하여 함수 $F : I \times \mathbb{R}^{n+1} \to \mathbb{R}$이 주어져있다. 변수 x와 함수 $u = u(x)$, 그리고 도함수 u', u'', $\ldots, u^{(n)}$로 구성된 방정식

$$F(x, u, u', \ldots, u^{(n)}) = 0$$

을 **n차 상미분방정식**이라 한다. 여기서 방정식의 해는 구간 I에서 정의된 n번 미분가능하고 주어진 방정식을 I의 모든 점에서 만족시키는 함수 u이다.

6.1.2 편미분방정식

이변수함수의 극한과 미분

Definition 6.1.3. 열린 집합 $\Omega \subset \mathbb{R}^2$에 대하여 $\mathbf{x}_0 = (a, b) \in \Omega$이고, $L \in \mathbb{R}$이라 하자. 임의의 양수 ϵ에 대응하는 양수 δ가 존재하여 다음을 만족할 때, 함수 $f : \Omega \setminus \{\mathbf{x}_0\} \to \mathbb{R}$은 점 $\mathbf{x}_0$에서 **극한값** L을 갖는다고 하고, $\lim_{\mathbf{x} \to \mathbf{x}_0} f(\mathbf{x}) = L$로 나타낸다.

$$\mathbf{x} = (x_1, x_2) \in \Omega,\ 0 < \sqrt{(x_1 - a)^2 + (x_2 - b)^2} < \delta \Longrightarrow |f(x) - L| < \epsilon$$

또한, 함수 f가 점 $\mathbf{x}_0$에서 정의되어 있고, $\lim_{\mathbf{x} \to \mathbf{x}_0} f(\mathbf{x}) = f(\mathbf{x}_0)$인 경우, f는 $\mathbf{x}_0$에서 **연속**이라한다.

Definition 6.1.4. 열린 집합 Ω에서 정의된 함수 $f : \Omega \to \mathbb{R}$에 대하여 점 $\mathbf{x}_0 = (a, b) \in \Omega$에서 극한

$$f_{x_1}(\mathbf{x}_0) = \frac{\partial}{\partial x_1} f(\mathbf{x}_0) := \lim_{h \to 0} \frac{f(a + h, b) - f(a, b)}{h}$$

이 존재할 때, 함수 f는 점 $\mathbf{x}_0$에서 x_1에 관하여 **편미분가능**하다고 하며, 극한값 $f_{x_1}(\mathbf{x}_0)$을 함수 f의 $\mathbf{x}_0$에서 x_1에 관한 **편도함수**라 한다.

함수 f가 열린 집합 Ω의 모든 점에서 x_1에 관하여 편미분가능하면, f는 Ω에서 x_1에 관하여 **편미분가능**하다고 한다.

비슷한 방법으로 점 $\mathbf{x}_0 = (a, b)$에서 x_2에 관한 함수 f의 편도함수는

$$f_{x_2}(a, b) = \frac{\partial}{\partial x_2} f(a, b) = \lim_{h \to 0} \frac{f(a+h, b) - f(a, b)}{h}$$

이다.

함수 $y = f(\mathbf{x})$가 편미분가능하고 편도함수 f_{x_1}와 f_{x_2}들이 다시 편미분 가능할 때, 이들의 편도함수들을 f의 **2차 편도함수**(second partial derivative)라 한다. 기호로 아래와 같이 쓴다.

$$\begin{aligned} \partial_{x_1}^2 f(\mathbf{x}) &= \partial_{x_1}(\partial_{x_1} f(\mathbf{x})) = \frac{\partial^2}{\partial x_1^2} f(\mathbf{x}) \\ \partial_{x_1}\partial_{x_2} f(\mathbf{x}) &= \partial_{x_1}(\partial_{x_2} f(\mathbf{x})) = \frac{\partial^2}{\partial x_1 \partial x_2} f(\mathbf{x}) \\ \partial_{x_2}\partial_{x_1} f(\mathbf{x}) &= \partial_{x_2}(\partial_{x_1} f(\mathbf{x})) = \frac{\partial^2}{\partial x_2 \partial x_1} f(\mathbf{x}) \\ \partial_{x_2}^2 f(\mathbf{x}) &= \partial_{x_2}(\partial_{x_2} f(\mathbf{x})) = \frac{\partial^2}{\partial x_2^2} f(\mathbf{x}) \end{aligned}$$

그리고 2차원에서 라플라시안(Laplacian) $\triangle_{\mathbf{x}}$은 다음과 같이 정의 된다.

$$\triangle_{\mathbf{x}} f = \partial_{x_1}^2 f + \partial_{x_2}^2 f$$

편미분방정식

열린 집합 $\Omega \subset \mathbb{R}^2$에 대하여 함수 $F : \Omega \times \mathbb{R}^3 \to \mathbb{R}$이 주어져 있다. 변수 $\mathbf{x} = (x_1, x_2)$와 함수 $u = u(\mathbf{x})$, 그리고 1차 편도함수 u_{x_1}, u_{x_2}로 구성된 방정식

$$F(\mathbf{x}, u, u_{x_1}, u_{x_2}) = 0$$

을 **1차 편미분방정식**이라 한다. 여기서 방정식의 해는 열린 집합 Ω에서 정의된 한번 편미분가능하며 주어진 방정식을 Ω의 모든 점에서 만족시키는 함수 u이다.

비슷한 방법으로 주어진 함수 $F : \Omega \times \mathbb{R}^6 \to \mathbb{R}$이 주어져 있다고 하자. 변수 $\mathbf{x} = (x_1, x_2)$와 함수 $u = u(\mathbf{x})$, 그리고 1차 편도함수 u_{x_1}, u_{x_2} 및 2차 편도함수

$u_{x_1x_1}$, $u_{x_1x_2}$, $u_{x_2x_2}$로 구성된 방정식

$$F(\mathbf{x}, u, u_{x_1}, u_{x_2}, u_{x_1x_1}, u_{x_1x_2}, u_{x_2x_2}) = 0$$

을 **2차 편미분방정식**이라 한다.

6.1.3 과학과 편미분방정식

자연과학의 탐구방법

1. 자연 현상 관찰 및 실험

   인간이 살아가는 지구에서 다양한 자연 현상을 관찰할 수 있다. 사계절 바람이 불고, 비가 내리기도 하며 온도와 기압이 변하는 것을 관찰하거나 측정할 수 있다. 이러한 관찰과 측정을 통하여 인간은 정제되고 불변인 법칙에 도달하고자 한다. 이때 엄밀한 실험을 통하여 현상에 대한 법칙을 유도하고자 하는 것은 현상을 이해하고자 하는 인간의 본성과 실생활에 응용하고자 하는 목적에 부합한다.

2. (물리)법칙 및 원리 도출

   관찰 및 실험을 통하여 특수한 상황에서 반드시 성립해야 하는 법칙이나 원리를 도출할 수 있다. 뉴턴의 운동법칙이나 푸리에의 열전도법칙 등을 예로 들 수 있다.

3. 특정한 현상에 대한 모델링 (미분방정식 문제)

   특정한 물리 법칙과 관련된 현상에 대하여 적절한 미분 방정식을 유도할 수 있고, 초기 및 경계 조건을 부여하면 미분방정식 문제를 얻게된다. 이러한 특수한 현상에 대응하는 수학적 문제를 도출하는 과정을 수리적 모델링이라 한다.

4. 미분방정식의 수학적 이해 및 수치 시뮬레이션

   현상에 대응하는 수학적 문제가 주어져 있다면, 이 문제를 해결하는 것이 현상을 이해하는 것으로 귀결될 것이다. 미분방정식 문제를 해결함은 그 문제와 결부된 초기 및 경계조건을 만족하며 방정식을 만족하는 함수 해를 구하는

것이다. 이런 해의 존재성 및 (비)유일성을 증명하고 그 성질을 수학적으로 밝힐 수 있다면, 현상을 엄밀하게 이해한다고 볼 수 있다. 하지만 구체적으로 구하고자하는 해의 가시적인 특성을 보기 위해서는 컴퓨터 프로그래밍을 통한 수치적 시뮬레이션이 유용할 수 있다.

5. 현상과 수학적 결과의 비교

   수학적으로 구해진 해를 실제 현상과 비교하여 해의 특성이 현상을 잘 나타내주는지를 살펴보아야 한다.

6. 모델링의 적절성 판정 및 보완

   수학적으로 엄밀하게 해를 구하고 실제 현상과 비교했을 때 현상을 잘 '모사'하는 해가 얻어졌다면 물리 법칙을 통해 모델링된 문제가 적절하다고 판단한다. 그렇지 않다면 법칙을 적용하여 모델링하는 과정이 적절치 않았음을 의미할 수 있다. 간혹 모델링이 엄밀하고 적절하게 이루어졌다 하더라도 현상의 복잡성 때문에 미분방정식 문제의 해가 유일하지 않을 수도 있다. 이런 분야는 (예를 들어, 난류(turbulence) 현상) 아직 인간의 이해가 잘 미치지 못하는 현상을 다루고 있고 현재도 뛰어난 과학자 및 수학자들의 도전이 필요한 분야로 여겨진다.

6.2 다양한 편미분방정식과 그 응용

이 절에서는 수송 방정식, 라플라스 방정식, 열 방정식, 파동 방정식 등의 다양한 편미분방정식들에 대하여 알아보고, 각 방정식에 대한 해(solution)의 수학적 표현 및 성질을 살펴볼 것이다.

6.2.1 수송 방정식

편미분방정식 중 가장 간단한 방정식 중 하나는 상수 계수를 가지는 **수송 방정식** (*transport equation*)이다. 이 방정식은 다음과 같이 표현된다.

$$u_t + v_1 u_{x_1} + v_2 u_{x_2} + \cdots + v_n u_{x_n} = 0 \quad \text{in } \mathbb{R}^n \times (0, \infty). \tag{6.1}$$

여기서 $v = (v_1, v_2, \cdots, v_n)$는 $\mathbb{R}^n$에서의 고정된 벡터이고, $u = u(x,t) : \mathbb{R}^n \times [0,\infty) \to \mathbb{R}$는 구하고자 하는 해(solution)이다. 그리고 $x = (x_1, x_2, \cdots, x_n)$는 공간 $\mathbb{R}^n$에서의 좌표이며, $t \in [0,\infty)$는 시간을 나타낸다.

위 방정식이 어디서 유도된 것인지 알아보도록 하자. 논의를 간단하게 하기 위해 1차원 공간에서의 수송 방정식을 유도해 볼 것이다.

다음과 같은 상황을 가정해보자. 한없이 긴 1차원의 얇은 수도관이 있는데, 이 수도관에 위치와 시간에 관계 없이 항상 일정한 유속 v로 물이 흐르고 있다고 가정하자. 이 물에 어떤 오염 물질이 포함되어 있는 경우, 수도관 내의 오염 물질은 당연히 물을 따라서 이동할 것이고 그 오염 물질의 양은 시간 t와 위치 x에 따라 다를 것이다. 시간 t일 때 위치 x에서 존재하는 오염 물질의 선밀도를 $u(x,t)$라고 하자. 시간 t일 때, 구간 (x_1, x_2) 사이에 있는 오염 물질의 양은 다음과 같이 표현된다.

$$\int_{x_1}^{x_2} u(x,t)\,dx.$$

또한 위치 x에서 시간 t_1부터 t_2까지 지나간 오염 물질의 양은 다음과 같이 표현된다.

$$\int_{t_1}^{t_2} u(x,t)\,v\,dt.$$

이제 시간이 t_1일 때와 t_2일 때, 구간 (x_1, x_2) 사이에 존재하는 오염 물질의 변화량을 식으로 나타내어 보자. 시간이 t_1일 때와 t_2일 때, 오염 물질의 양의 차이는 다음과 같이 쓸 수 있다.

$$\int_{x_1}^{x_2} u(x,t_2)\,dx - \int_{x_1}^{x_2} u(x,t_1)\,dx.$$

이는 주어진 시간 동안 위치 x_1을 통과한 오염 물질의 양과 위치 x_2를 통과한 오염 물질의 양의 차이

$$\int_{t_1}^{t_2} u(x_1,t)\,v\,dx - \int_{t_1}^{t_2} u(x_2,t)\,v\,dx$$

와도 같다. 위의 두 식은 미적분학의 기본정리(Fundamental theorem of calculus)를 이용하여 다음과 같이 쓸 수 있다.

$$\int_{x_1}^{x_2} u(x,t_2)\,dx - \int_{x_1}^{x_2} u(x,t_1)\,dx = \int_{x_1}^{x_2}\int_{t_1}^{t_2} \frac{\partial u}{\partial t}(x,t)\,dt\,dx,$$

$$\int_{t_1}^{t_2} u(x_1,t)v\,dx - \int_{t_1}^{t_2} u(x_2,t)v\,dx = -\int_{t_1}^{t_2}\int_{x_1}^{x_2} \frac{\partial u}{\partial x}(x,t)\,v\,dx\,dt.$$

따라서, 다음 방정식을 얻을 수 있다.

$$\int_{x_1}^{x_2}\int_{t_1}^{t_2} \frac{\partial u}{\partial t}(x,t)\,dt\,dx + \int_{t_1}^{t_2}\int_{x_1}^{x_2} \frac{\partial u}{\partial x}(x,t)\,v\,dx\,dt = 0.$$

위 식에 푸비니의 정리(Fubini's Theorem)를 적용하면 다음 식을 얻는다.

$$\int_{x_1}^{x_2}\int_{t_1}^{t_2} \left\{ \frac{\partial u}{\partial t}(x,t) + \frac{\partial u}{\partial x}(x,t)\,v \right\} dt\,dx = 0.$$

위 식은 임의의 구간 (x_1, x_2) 및 임의의 시간 t_1, t_2에 대해 성립한다. 편도함수들이 연속이라고 하면, 연속함수의 기본 성질에 의해

$$\frac{\partial u}{\partial t}(x,t) + \frac{\partial u}{\partial x}(x,t)\,v = 0 \quad \text{for all } (x,t),$$

즉,

$$u_t(x,t) + u_x(x,t)\,v = 0 \quad \text{for all } (x,t)$$

가 성립하게 된다. 일반적인 $\mathbb{R}^n$ 공간 상에서도 비슷한 논의를 적용하면 수송 방정식 (6.1)을 유도할 수 있다.

위에서 정의한 수송 방정식의 해를 구해보자. 문제를 명확하게 하기 위해, 다음과 같이 시간 $t = 0$에서 초기 조건이 주어져 있는 문제를 생각해보자.

$$\begin{cases} u_t + v_1 u_{x_1} + v_2 u_{x_2} + \cdots + v_n u_{x_n} = 0 & \text{in } \mathbb{R}^n \times (0,\infty), \\ u = g & \text{on } \mathbb{R}^n \times \{t=0\}. \end{cases} \tag{6.2}$$

여기서 $v = (v_1, v_2, \cdots, v_n)$는 $\mathbb{R}^n$에서의 고정된 벡터이고, $g : \mathbb{R}^n \to \mathbb{R}$는 주어진 함수이다. 해를 구하기 위해 수송 방정식을 한번 잘 들여다보자. 수송 방정식이 의미하는 것은 함수 u의 특정한 방향도함수가 0이라는 것이다. 이러한 관점을 바탕으로 아래와 같은 함수 $z : \mathbb{R} \to \mathbb{R}$를 고려해보자.

$$z(s) := u(x + sv, t + s) \qquad (s \in \mathbb{R}).$$

이를 미분해보면 연쇄법칙(chain rule)에 의하여 다음의 결과를 얻는다.

$$z'(s) = u_{x_1}(x+sv, t+s)\,v_1 + \cdots + u_{x_n}(x+sv, t+s)\,v_n + u_t(x+sv, t+s) = 0.$$

즉, 주어진 (x,t)에 대하여 방향 $(v,1)$으로의 직선인 $(x+sv, t+s)$ $(s \in \mathbb{R})$ 위에서 값이 모두 같다. 한편, 이 직선은 $s = -t$일 때 $(x - tv, 0)$를 지나고 여기서의

함숫값은 $u(x - tv, 0) = g(x - tv)$ 이므로 우리는 최종적으로 다음의 해를 구할 수 있다.

$$u(x,t) = g(x - tv) \quad (x \in \mathbb{R}^n,\ t \geq 0).$$

6.2.2 라플라스 방정식

편미분방정식 중 가장 중요한 방정식은 **라플라스 방정식**(*Laplace's equation*)이라고 할 수 있다. 이 방정식은 프랑스의 학자 Pierre-Simon Laplace (1749–1827)의 이름을 땄으며, 다음과 같이 표현된다.

$$\Delta u := u_{x_1x_1} + u_{x_2x_2} + \cdots + u_{x_nx_n} = 0. \tag{6.3}$$

여기서 $u : \Omega \subset \mathbb{R}^n \to \mathbb{R}$는 구하고자 하는 함수이다.

라플라스 방정식은 매우 다양한 물리적 맥락에서 나타난다. 대표적으로 라플라스 방정식 (6.3)의 해 u는 평형 상태에서 온도, 화학 물질의 농도, 정전기 퍼텐셜(electrostatic potential) 등을 의미한다. 구체적으로, 가령 2차원 공간에서 반지름이 $R > 0$인 원 $B_R \subset \mathbb{R}^2$이 있고 그 원의 경계에서 온도 함수 $f(x,y)$가 주어져 있을 때, 주어진 원 내부의 이상기체가 열평형 상태를 이루면 각 지점에서 온도 $u(x,y)$는 라플라스 방정식의 해가 된다. 즉, 우리는 다음과 같은 문제를 풀면 내부에서의 온도를 구할 수 있다.

$$\begin{cases} \Delta u(x,y) = 0, & (x,y) \in B_R, \\ u(x,y) = f(x,y), & (x,y) \in \partial B_R. \end{cases} \tag{6.4}$$

여기서 ∂B_R는 원 B_R의 경계이다. 위 문제 (6.4)의 수학적 해는 다음과 같이 표현된다.

$$u(x,y) = \frac{R^2 - |(x,y)|^2}{2\pi R} \int_{\partial B_R} \frac{f(z,w)}{|(x,y) - (z,w)|^2}\, dS_{(z,w)}, \quad (x,y) \in B_R.$$

라플라스 방정식 (6.3)의 해는 여러 좋은 성질들을 가진다. 그 중 몇 가지를 다음과 같이 소개하겠다.

Theorem 6.2.1 (평균값 공식)**.** 함수 $u : \Omega \subset \mathbb{R}^n \to \mathbb{R}$가 라플라스 방정식 (6.3)을

만족하면, 임의의 구 $B_R(x) \subset \Omega$에 대하여 다음 등식이 성립한다.

$$u(x) = \frac{1}{\mathrm{Vol}\,(B_R(x))} \int_{B_R(x)} u(y)\,dy.$$

Theorem 6.2.2 (최대 원리). 함수 $u : \Omega \subset \mathbb{R}^n \to \mathbb{R}$가 라플라스 방정식 (6.3)을 만족하면 다음 등식이 성립한다.

$$\max_{\Omega \cup \partial\Omega} u = \max_{\partial\Omega} u.$$

Theorem 6.2.3 (매끈함). 함수 $u : \Omega \subset \mathbb{R}^n \to \mathbb{R}$가 라플라스 방정식 (6.3)을 만족하면, u는 무한 번 편미분가능하다.

6.2.3 열 방정식

열 방정식(*heat equation*)은 다음과 같이 주어진다.

$$u_t - \Delta u = 0. \tag{6.5}$$

여기서 $u : \mathbb{R}^n \times [0, \infty) \to \mathbb{R}$는 구하고자 하는 함수이다.

열 방정식은 **확산 방정식**(*diffusion equation*)으로도 알려져 있으며, 열이 시간에 따라 전도되는 과정을 나타내는 편미분방정식이다. 열 뿐만 아니라 기체의 분산이나 브라운 운동(Brownian motion), 경제학의 블랙-숄즈 방정식(Black-Scholes equation)을 다룰 때도 쓰인다.

초기, 즉 $t = 0$일 때, 온도의 분포가 $g : \mathbb{R}^n \to \mathbb{R}$라는 함수로 표현된다고 하자. 우리는 다음과 같은 문제를 풀면 시간 t일 때의 온도를 구할 수 있다.

$$\begin{cases} u_t - \Delta u = 0 & \text{in } \mathbb{R}^n \times (0, \infty), \\ u = g & \text{on } \mathbb{R}^n \times \{t = 0\}. \end{cases} \tag{6.6}$$

위 문제 (6.6)의 수학적 해는 다음과 같이 표현된다.

$$u(x,t) = \frac{1}{(4\pi t)^{\frac{n}{2}}} \int_{\mathbb{R}^n} e^{-\frac{|x-y|^2}{4t}} g(y)\,dy, \quad x \in \mathbb{R}^n,\ t > 0.$$

라플라스 방정식과 마찬가지로, 열 방정식의 해도 다음과 같은 좋은 성질을 가진다.

Theorem 6.2.4 (매끈함). 함수 $u : \mathbb{R}^n \times [0, \infty) \to \mathbb{R}$가 열 방정식 (6.5)을 만족하면, u는 무한 번 편미분가능하다.

6.2.4 파동 방정식

파동 방정식(*wave equation*)은 음파, 수면파, 전자기파 등 일반적인 파동을 다루는 편미분방정식이다. 이러한 파동들을 다루기 위하여 파동 방정식은 음향학, 전자기학, 유체역학 등 물리학의 여러 분야에 등장한다. 파동 방정식은 다음과 같이 주어진다.

$$u_{tt} - \Delta u = 0. \tag{6.7}$$

여기서 $u : \mathbb{R}^n \times [0, \infty) \to \mathbb{R}$는 구하고자 하는 함수이다. 논의를 간단하게 하기 위해 $n = 1$인 경우, 즉 1차원에서 다음과 같은 문제를 생각해보자.

$$\begin{cases} u_{tt} - u_{xx} = 0 & \text{in } \mathbb{R} \times (0, \infty), \\ u = g, \ u_t = h & \text{on } \mathbb{R} \times \{t = 0\}. \end{cases} \tag{6.8}$$

여기서 $g, h : \mathbb{R} \to \mathbb{R}$는 주어진 함수이고, $u : \mathbb{R} \times [0, \infty) \to \mathbb{R}$는 구하고자 하는 함수이다. 이 문제의 해는 다음과 같은 d'Alembert의 공식으로 잘 알려져 있다.

$$u(x,t) = \frac{1}{2}[g(x+t) + g(x-t)] + \frac{1}{2}\int_{x-t}^{x+t} h(y)\,dy, \quad x \in \mathbb{R}, \ t > 0.$$

파동 방정식은 라플라스 방정식 및 열 방정식과는 달리 일반적으로 해가 무한 번 편미분가능하지는 않지만, 다음과 같은 특수한 성질을 가지고 있다.

Theorem 6.2.5 (유한 전파 속도)**.** 만약 구간 $[x_0 - t_0, x_0 + t_0] \subset \mathbb{R}$에서 $u \equiv 0$ 및 $u_t \equiv 0$이면, 원뿔 $\{(x,t) : 0 \le t \le t_0, \ |x - x_0| \le t_0 - t\}$ 내에서 $u \equiv 0$이 성립한다.

CHAPTER 7

Topology

(배용주 & 양승엽)

Introduction

위상수학, Topology라는 용어를 처음으로 사용한 수학자 Johann B. Listing은 위상수학을 다음과 같이 설명하였다.

"위상수학이란 공간에서의 점, 선, 표면, 입체, 그리고 그들의 부분 또는 합에 대한 연결성, 상대적 위치, 연속성을 연구하는 학문으로서 항상 측정이나 양에 관한 문제를 고려하지 않는다."

기나긴 수학의 역사에 비추어 본다면 위상수학은 거의 최신 수학 분야라고 할 수 있다. 이러한 연유로 위상수학은 수학의 다른 세부 분야들, 대수학, 기하학, 조합론, 해석학의 이론들을 기반으로 빠르게 발전해 가고 있다. 현대 위상수학은 대수적 위상수학(Algebraic Topology), 기하적 위상수학(Geometric Topology), 미분 위상수학(Differential Topology)으로 크게 나누어 생각할 수 있는데, 이들은 서로 연계되어 상호작용하며 유기적으로 계속 진화해 나가고 있다.

최근 과학기술이 빠른 속도로 첨단화되어 가면서 추상적인 학문의 대명사인 위상수학 역시 여러 과학 분야에서 다방면으로 활용 되어지고 있다. 위상수학의 이론을 물리학에 적용시킨 위상 양자장론(Topological Quantum Field Theory) 그리고 컴퓨터 공학에 활용한 토폴로지 데이터 분석법(Topological Data Analysis) 등이 그 대표적인 예이다.

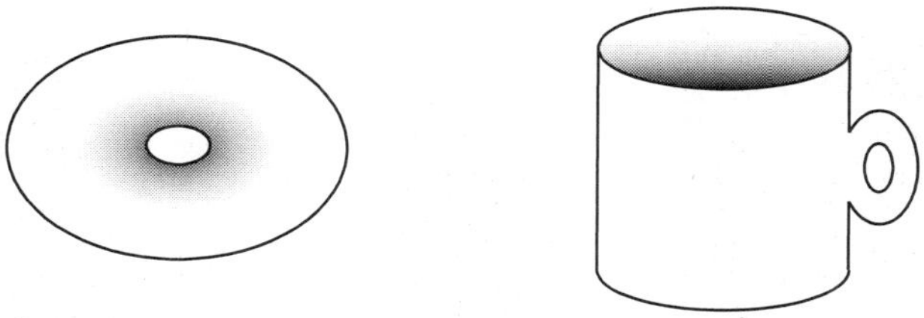

Fig. 7.1. 도넛과 커피컵은 위상동형이다.

2016년 노벨 물리학상은 위상수학을 이용하여 물질의 상전이에 대한 연구에 새로운 접근법을 제시한 이론 물리학자들, David J. Thouless 교수, F. Duncan M. Haldane 교수, J. Michael Kosterlitz 교수에게 수여되었다. 이 시상식에서 노벨위원회의 물리학자 Thors Hans Hansson 교수는 시나몬 번, 베이글, 프레첼을 이용하여 위상수학과 그들의 업적을 대중들에게 설명하였다. 이와 비슷한 이야기로 "위상수학자들은 커피컵과 도넛의 차이점을 설명할 수 없다" 라는 말이 있다.

그렇다면 위상수학(Topology)은 과연 무엇을 연구하는 학문이기에 위와 같은 방법으로 설명이 이루어질까? 이 질문에 대한 대답은 다음과 같다.

1. 위상수학은 굽히거나 늘리거나 수축시키거나 비틀 수 있는, 하지만 자르거나 찢거나 구멍을 낼 수 없는 유연한 기하학적 대상을 연구하는 학문이다.

2. 위상수학은 거리 개념과 크기 개념이 배제된 추상화된 기하학이다.

3. 위상수학은 연속함수 개념을 위한 집합론적 기반에 관한 연구이다.

4. 위상수학은 점들의 "근접성"이라는 개념을 지닌 집합들을 연구하는 학문이다.

위상수학에서는 주어진 도형을 굽히거나 늘리거나 수축시키거나 비틀어서 다른 형태의 도형을 만들 수 있을 때, 그 두 도형들을 **동형** 또는 **위상동형**(homeomorphic)이라고 일컫는다. 다시 위의 이야기들로 돌아가서, 그렇다면 커피컵과 도넛은 위상동형일까? 또한 시나몬 번, 베이글, 프레첼은 서로 위상동형일까? 이 문제들에 대한 대답은 (1) 커피컵과 도넛은 위상동형이고 (2) 시나몬 번, 베이글, 프레첼은 서로 위상동형이 아니다. 매우 유사해 보이는 시나몬 번, 베이글, 프레첼들은 서로

Fig. 7.2. 왼쪽부터 Leonhard Euler, Henri Poincaré, Georg Cantor

위상동형이 아닌데반면 얼핏봐도 서로 아주 다르게 생긴 커피컵과 도넛이 위상동형이라니 흥미롭지 않은가?

이번 단원에서는 위상수학(Topology)의 간략한 역사를 알아보고 또한 그것의 기초적인 수학적 정의와 예제들을 학습해본다. 뿐만 아니라, 위상수학이 다른 과학분야들과 어떠한 관련성이 있고 또한 어떻게 응용이 되어지고 있는지에 대하여 알아보도록 한다.

7.1 Historical Remark

이번 장에서는 위상수학(Topology)의 역사에 대하여 간단히 알아보도록 한다.

위상수학의 역사는 그리 길지 않다. 수학의 오랜 역사와 비교한다면 위상수학은 거의 최신 학문이라고 할 수 있다. 위상수학이 최초로 등장한 시기를 묻는다면 여러가지 대답이 나올 수 있지만 크게는 세 가지로 말할 수 있다.

1. Leonhard Euler: Euler Characteristic
2. Henri Poincaré: Analysis Situs
3. Georg Cantor: Set Theory

1736년 Euler는 Königsberg 다리 문제를 해결함에 있어 육지와 다리의 넓이나 길이와는 상관없이 그들의 상대적인 위치만이 중요하다는 것을 간파, 그 문제를 그래프로 추상화시켜서 해결한다. 또한, 그는 이를 바탕으로 첫번째 위상수학적 공식인 다면체 공식을 증명한다:

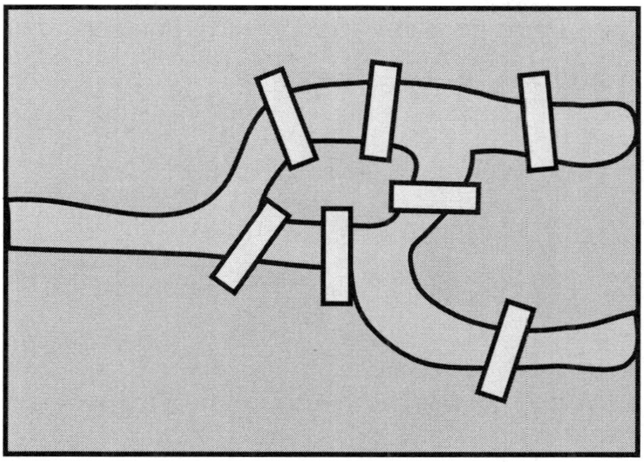

Fig. 7.3. Königsberg 다리 문제: 일곱 개의 다리들을 어느 다리나 한 번씩만 차례로 모두 건널 수 있을까?

2차원 구면에 그려진 연결된 그래프에 대하여 그 그래프의 점들의 개수를 V, 선들의 개수를 E, 면들의 개수를 F 라 할 때, 다음이 성립한다.

$$V - E + F = 2$$

이 후 위상수학은 여러 수학자들, Gauss(closed 곡면과 매듭에 관한 연구), Listing(곡면과 매듭에 관한 책 편찬, Topology라는 용어를 처음 사용), Betti, Riemann(곡면의 연속성 및 차원에 관한 연구) 등에 의하여 점차 발전해 왔다. 그러던 중 19세기 초, Bolyai와 Lobachevsky에 의하여 Euclidean 공리들을 만족하지 않으면서도 아주 합리적인 기하학이 만들어졌고 이에 따라 약 2,000년 간 사람들 사이에 믿어져왔던, 2,3차원 유클리드 기하학(Euclean Geometry)만이 실제 세계를 설명할 수 있는 기하학이라는 믿음이 흔들리게 되면서 비유클리드 기하학(non-Euclidean Geometry)이 발전하기 시작하게 된다. 그리하여 자유로운 기하학적 발상들이 널리 이루어졌고, 결국 이들은 기하학적 아이디어들의 추상화로 이어지면서 위상수학의 빠른 발전을 돕게된다. 그들의 연구들은 Poincaré에 의하여 통합 되어졌고 또한 확장 되어졌다. 뿐만 아니라 Poincaré는 호모토피 이론(Homotopy Theory)과 호몰로지 이론(Homology Theory)의 개념들을 설명한 당대의 혁신적인 논문, "Analysis Situs"를 발표하는데 이는 현대 대수적 위상수학(Algebraic Topology)의 기초가 된다. 또한 그는 미국 클레이 수학 연구소(Clay Mathematics Institute)에서 선정한 수학계의

7대 난제(Millennium Prize Problems)중의 하나인 Poincaré 추측을 제시함으로써 위상수학의 폭발적인 발전에 지대한 영향을 미쳤다.

한 편, 19세기 초 위상수학은 많은 수학자들에 의해 조금 다른 방향으로도 발전하고 있었는데, 대표적으로 Cauchy와 Weierstrass는 엄격한 실수체계를 정의하고 또한 극한의 개념을 이용하여 미적분학의 기초를 단단하게 다졌다. 이를 바탕으로, 19세기 후반 Cantor를 비롯한 여러 수학자들은 실수체계에서의 다양한 흥미로운 성질들을 찾아내었고 이는 점-집합 위상수학(Point-Set Topology)의 기초가 된다. 그들의 아이디어들은 추후 Fréchet에 의하여 통합 되었고 그는 일반화 된 거리공간(metric space)을 소개하였다. 또한 Hausdorff는 거리공간의 개념들을 기반으로 하여 위상공간(topological space)의 공리들을 정의하는 아이디어를 제시하였다.

7.2 Basic Notions

이번 장에서는 위상수학에서 가장 기초적이면서 중요한 개념들인 위상공간(topological space)과 연속성(continuity)에 대하여 간략히 알아보도록 한다. 참고로 기초적인 점-집합 위상수학(Point-Set Topology)의 참고문헌으로는 James Munkres의 "Topology(2nd Edition)" [8]와 Fred H. Croom의 "Principles of Topology" [3], 대수적 위상수학(Algebraic Topology)의 참고문헌으로는 Allen Hatcher의 "Algebraic Topology" [5]가 있다.

우리가 고등학교에서 배운 함수의 연속성의 정의는 다음과 같다.

Definition 7.2.1 (연속함수(극한 개념을 이용한 정의)). 주어진 함수 $f : \mathbb{R} \to \mathbb{R}$에 대하여, 함수 f가 다음의 세 조건들을 만족하면 함수 f는 $x = a$에서 **연속**이라고 한다.

1. 함숫값 $f(a)$이 존재;
2. 극한값 $\lim_{x\to a} f(x)$이 존재;
3. $f(a) = \lim_{x\to a} f(x)$.

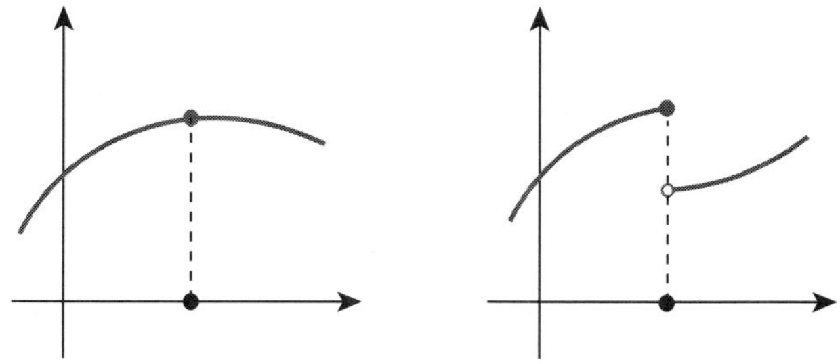

Fig. 7.4. 연속함수와 불연속함수

만약 함수 f가 실수 집합 $\mathbb{R}$의 모든 점에서 연속이면 우리는 함수 f를 $\mathbb{R}$상에서 **연속**이라고 한다.

위의 연속함수의 정의에서 극한 개념을 배제한 논리적인 명제만으로 정의하면 그것은 다음과 같다.

Definition 7.2.2 (연속함수(명제를 이용한 정의)). 주어진 함수 $f : \mathbb{R} \to \mathbb{R}$에 대하여, 함수 f가 다음을 만족하면 함수 f는 $x = a$에서 **연속**이라고 한다.

> 임의의 양수 ε에 대하여 다음의 명제를 만족시키는 양수 δ가 존재한다.
> 모든 $x \in \mathbb{R}$에 대하여 $|x - a| < \delta$ 이면 $|f(x) - f(a)| < \varepsilon$ 이다.

만약 함수 f가 실수 집합 $\mathbb{R}$의 모든 점에서 연속이면 우리는 함수 f를 $\mathbb{R}$상에서 **연속**이라고 한다.

이 때, 위의 정의에서 부등식 $|x - a| < \delta$와 $|f(x) - f(a)| < \varepsilon$을 다음과 같이 집합 (1차원 열린 공(open ball))의 포함관계를 이용하여 표현할 수 있다.

1. $|x - a| < \delta \Leftrightarrow x \in (a - \delta, a + \delta)$;
2. $|f(x) - f(a)| < \varepsilon \Leftrightarrow f(x) \in (f(a) - \varepsilon, f(a) + \varepsilon)$.

한 편, 위의 표현에서 열린 공(open ball)의 차원을 일반화 시킴으로써 우리는 n차원 유클리드 공간(Euclidean space) $\mathbb{R}^n$ 상에서의 연속함수를 정의할 수 있다. 저차원 열린 공(open ball)들을 그림으로 나타내면 그림 7.5와 같다.

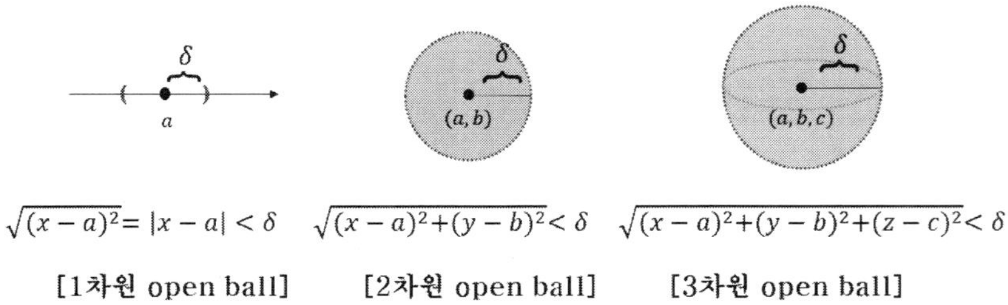

Fig. 7.5. 저차원 열린 공(open ball)

우리는 n차원 열린 공(open ball), $B((a_1, \ldots, a_n), r) = \{(x_1, \ldots, x_n) \in \mathbb{R}^n | \sqrt{(x_1 - a_1)^2 + \cdots + (x_n - a_n)^2} < r\}$ 을 이용하여 n차원 유클리드 공간(Euclidean space) $\mathbb{R}^n$ 상에서의 열린집합(open set)을 다음과 같이 정의한다.

Definition 7.2.3 (유클리드 공간에서의 열린집합)**.** n차원 유클리드 공간 $\mathbb{R}^n$ 상에서, 집합 O에 속한 모든 점 $(a_1, \ldots, a_n)$마다 $B((a_1, \ldots, a_n), r) \subset O$를 만족하는 n차원 열린 공 $B((a_1, \ldots, a_n), r)$이 존재하면 우리는 집합 O를 **열린집합**(open set)이라 한다.

위에서 우리는 유클리드 공간상에서 유클리드 거리(Euclidean metric) 개념을 이용하여 함수의 연속성과 열린구간을 정의하였다. 이 때, 우리가 만약 유클리드 거리 대신 좀 더 일반화된 거리를 이용한다면 어떻게 함수의 연속성을 정의 할 수 있을까? 이를 위하여 우리는 먼저 거리 개념을 추상화 시키도록 한다.

Definition 7.2.4 (거리공간(metric space))**.**

1. 주어진 집합 X상에 정의된 함수 $d : X \times X \to \mathbb{R}$가 다음의 성질들을 만족하면 그 함수를 **거리**(metric)라 한다. 집합 X상의 모든 원소 x, y, z에 대하여

   (1) $d(x, y) \geq 0$;

   (2) $d(x, y) = 0 \Leftrightarrow x = y$;

   (3) $d(x, y) = d(y, x)$;

   (4) $d(x, z) \leq d(x, y) + d(y, z)$.

2. 이 때, 거리가 주어진 집합 (X, d)를 **거리 공간**(metric space)이라 한다.

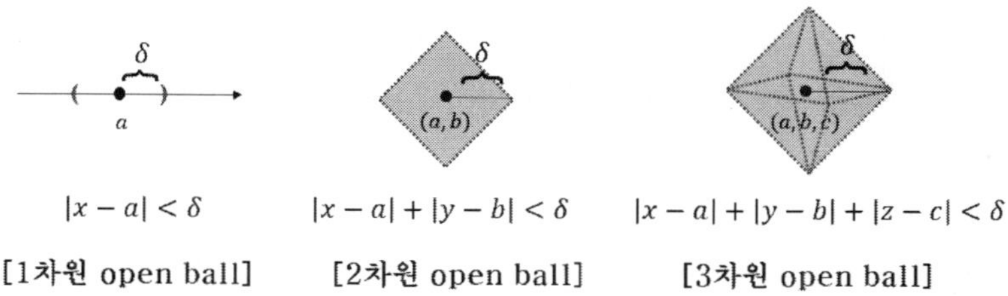

Fig. 7.6. 택시거리공간에서의 저차원 열린 공

Example 7.2.5 (다양한 거리 공간(metric space)의 예).

1. 택시거리공간(taxicab metric space)

   집합 $\mathbb{R}^n$상의 두 점 $\mathbf{x} = (x_1, \ldots, x_n)$, $\mathbf{y} = (y_1, \ldots, y_n)$ 사이의 거리를 다음과 같이 정의한다.

$$d_T(\mathbf{x}, \mathbf{y}) = \sum_{i=1}^{n} |x_i - y_i|.$$

2. 체비셰프거리공간(Chebyshev metric space)

   집합 $\mathbb{R}^n$상의 두 점 $\mathbf{x} = (x_1, \ldots, x_n)$, $\mathbf{y} = (y_1, \ldots, y_n)$ 사이의 거리를 다음과 같이 정의한다.

$$d_C(\mathbf{x}, \mathbf{y}) = \max_i\{|x_i - y_i|\}.$$

3. 이산거리공간(discrete metric space)

   임의의 집합 X상의 두 점 x, y사이의 거리를 다음과 같이 정의한다.

$$\begin{cases} d_D(x,y) = 0, & \text{if } x = y; \\ d_D(x,y) = 1, & \text{if } x \neq y. \end{cases}$$

참고로 위에서 정의한 택시거리공간(taxicab metric space)에서의 저차원 열린 공(open ball)들을 그림으로 나타내면 다음과 같다.

일반적인 거리공간(metric space) X 상에서 열린 공(open ball) $B_d(a, r)$은 다음과 같이 표현한다.

$$B_d(a, r) = \{x \in X | d(x, a) < r\}$$

이를 이용하여 일반적인 거리공간에서의 열린집합과 연속함수는 다음과 같이 정의한다.

Definition 7.2.6 (일반적인 거리공간에서의 열린집합). 거리공간 (X, d)상에서,

X의 부분집합 O에 속한 모든 점 a마다 $B_d(a,r) \subset O$를 만족하는 열린 공 $B_d(a,r)$이 존재하면 우리는 집합 O를 **열린집합**(open set)이라 한다.

Definition 7.2.7 (일반적인 거리공간에서의 연속함수)**.** 두 거리공간 (X, d_X), (Y, d_Y) 사이에 정의된 함수 $f : X \to Y$가 있다. 이 때, 함수 f가 다음을 만족하면 함수 f는 $a \in X$에서 **연속**이라고 한다.

임의의 양수 ε에 대하여 다음의 명제를 만족시키는 양수 δ가 존재한다.
만약 $x \in B_{d_X}(a,\delta)$ 이면 $f(x) \in B_{d_Y}(f(a),\varepsilon)$ 이다.

만약 함수 f가 집합 X의 모든 점에서 연속이면 우리는 함수 f를 X상에서 **연속**이라고 한다.

그렇다면 만약 거리개념이 없는 공간상에서는 열린집합과 연속함수를 어떻게 정의할 수 있을까? 이를 위하여 우리는 먼저 열린집합(open set)의 주요 성질들을 이용하여 위상공간(topological space)를 먼저 정의하도록 한다.

Definition 7.2.8 (위상공간)**.** 주어진 집합 X에 대하여 $\mathscr{T}$를 X의 부분집합들의 모임(family)이라고 하자. 만약 $\mathscr{T}$가 다음의 조건들을 만족하면 우리는 $\mathscr{T}$를 X 상의 **위상**(topology)이라고 한다.

1. 공집합 $\emptyset$과 전체집합 X는 $\mathscr{T}$에 속한다.

2. $\mathscr{T}$에 속한 집합들의 임의의 합집합은 항상 $\mathscr{T}$에 속한다.

3. $\mathscr{T}$에 속한 유한개의 집합들의 교집합은 항상 $\mathscr{T}$에 속한다.

이 때, $(X, \mathscr{T})$를 **위상공간**(topological space)이라 하고, $\mathscr{T}$에 속하는 모든 집합들을 **열린집합**(open set)이라 한다.

다음은 위상공간에 관한 몇 가지의 예이다.

Example 7.2.9 (다양한 위상 공간(topological space)의 예)**.**

1. 임의의 집합 X에 대하여 $\mathscr{T} = \{\emptyset, X\}$는 X상에서 위상이 된다. 이 때, 이 위상을 **비이산위상**(indiscrete topology)이라고 한다.

2. 임의의 집합 X에 대하여 $\mathscr{T} = \{U|U \subset X\}$는 X상에서 위상이 된다. 이 때, 이 위상을 **이산위상**(discrete topology)이라고 한다.

3. 집합 $X = \{0, 1\}$에 대하여 $\mathscr{T} = \{\emptyset, \{0\}, X\}$는 X상에서 위상이 된다. 이 때, 이 위상을 **시에르핀스키위상**(Sierpiński topology)이라고 한다.

위의 정의를 이용하여 우리는 일반적인 위상공간에서의 연속함수를 다음과 같이 정의한다.

Definition 7.2.10 (위상공간에서의 연속함수)**.** 두 위상공간 $(X, \mathscr{T}_X)$, $(Y, \mathscr{T}_Y)$ 사이에 정의된 함수 $f : X \to Y$가 있다. 이 때, 함수 f가 다음을 만족하면 함수 f는 $a \in X$에서 **연속**이라고 한다.

$f(a)$를 포함하는 임의의 열린집합 $V \in \mathscr{T}_Y$에 대하여 a를 포함하는 열린집합 $U \in \mathscr{T}_X$가 존재하고 $f(U) \subset V$를 만족한다.

또는

$f(a)$를 포함하는 Y상에서의 모든 열린집합 V에 대하여 $f^{-1}(V)$는 a를 포함하는 X상에서의 열린집합이다.

만약 함수 f가 집합 X의 모든 점에서 연속이면 우리는 함수 f를 X상에서 **연속**이라고 한다.

7.3 Related Research Areas

앞서 이야기 한 것과 같이 위상수학은 다른 수학의 세부분야들에 비하여 상대적으로 최신 학문 분야이므로 다른 분야들과의 밀접한 연관성을 가지며 발전해나가

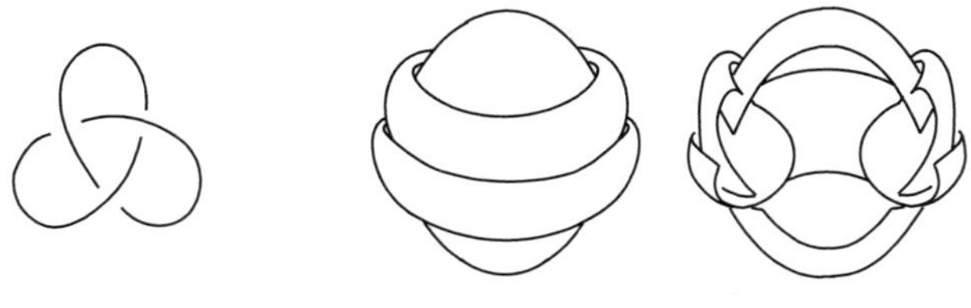

Fig. 7.7. 3차원 trefoil 매듭과 4차원 spun trefoil 매듭

고 있다. 현대의 위상수학은 (1) 호모토피 이론(Homotopy Theory)과 호몰로지 이론(Homology Theory)을 기반으로 대수학적 이론들을 위상수학에 접목시킨 대수적 위상수학(Algebraic Topology), (2) 주로 저차원 다양체(manifold)와 동상사상(embedding)을 대상으로 기하학적인 이론들을 위상수학에 적용시키는 기하학적 위상수학(Geometric Topology), (3) 미분가능한 다양체(smooth manifold)와 그것에 정의된 미분 가능한 함수를 연구하는, 특히 드람 코호몰로지 이론(de Rham Cohomology Theory)을 주로 연구하는 미분 위상수학(Differential Topology)들로 크게 구분지어 생각할 수 있다. 이들은 서로 밀접하게 상호작용 하면서 위상수학을 발전시켜 나가고 있다.

한편, 매듭이론(Knot Theory)은 기하학적 위상수학의 세부분야 중 하나로서 n차원 다양체(n-manifold)의 $n+2$차원 다양체로의 매입(embedding)을 연구하는 학문이다. Gauss 이래로 지속적으로 발전해오고 있던 매듭이론은 Vaughan F. R. Jones가 존스 다항식(Jones Polynomial)을 통하여 매듭이론과 물리학의 통계역학(Statistical Mechanics) 사이의 밀접한 관계성을 제시함으로써 수학자들의 큰 관심을 이끌어냈다(존스는 이에 대한 공로로 필즈메달(Fields Medal)을 수여하게 된다). 그 후, 여러 수학자들에 의해 매듭이론이 수학과 물리학의 다른 여러 세부분야들과도 연관이 있다는 것이 밝혀짐에 따라 그 중요성이 지속해서 증가하고 있다.

최근 과학기술이 첨단화 되어감에 따라 위상수학 또한 다양한 방면에서 응용이 되어지고 있다. 최근 위상수학을 이용한 과학기술 분야들은 다음과 같다.

1. 물리학(Physics)

   물리학은 위상수학과 가장 연관이 많은 분야라 할 수 있다. 현대 물리학의 연구에 위상수학이 널리 쓰이고 있는가 하면, 반대로 물리학의 개념이 위상수학의 연구에 이용되어 지기도 한다. 입자 물리학(Particle Physics), 끈 이론(String Theory), 대수적 위상수학(Algebraic Topology)과 매듭이론(Knot Theory)에서 주로 연구되고 있는 위상 양자장론(Topological Quantum Field Theory)이 그 대표적인 예이다.

2. 생물학(Biology)
저차원 위상수학(Low-Dimensional Topology), 그 중 특히 매듭이론(Knot Theory)은 생물학의 연구에 응용이 되어지고 있다. DNA의 이중나선 구조가 형성하는 매듭들의 성질에 관한 연구가 그 대표적인 예이다.

3. 컴퓨터 과학(Computer Science)
빅데이터(Big Data) 분석기술은 4차 산업혁명 시대의 중요한 기술로서 각광받고 있는 기술들 중 하나이다. 위상수학자 Gunnar Carlsson교수와 계산공학 전공의 Gurgeet Singh 박사과정 학생이 2007년에 소개한 토폴로지 데이터 분석법(Topological Data Analysis)은 거대하고 복잡한 데이터를 대수적 위상수학(Algebraic Topology)의 이론을 이용하여 그 데이터의 모양을 분석, 그것이 가지고 있는 정보를 추출해내는 방법으로서 현재 그에 관한 연구가 널리 진행되고 있다.

4. 이 밖에도 화학(Chemistry), 로봇공학(Robot Engineering), 미술(Art) 등 에도 위상수학이 널리 응용되어 지고 있다.

7.4 Exercises

1. 도넛의 표면상에 연결된 그래프가 그려져 있다. 그 그래프의 점들의 개수를 V, 선들의 개수를 E, 면들의 개수를 F 라 할 때, Euler의 다면체 공식, $V-E+F$의 값은 얼마일까? 또한 만약 연결된 그래프가 구멍이 두개인 프레첼의 표면에 그려져 있다면 이 때의 $V-E+F$의 값은 얼마일까?

2. 구(sphere)와 원환면(torus)은 서로 위상동형인가?

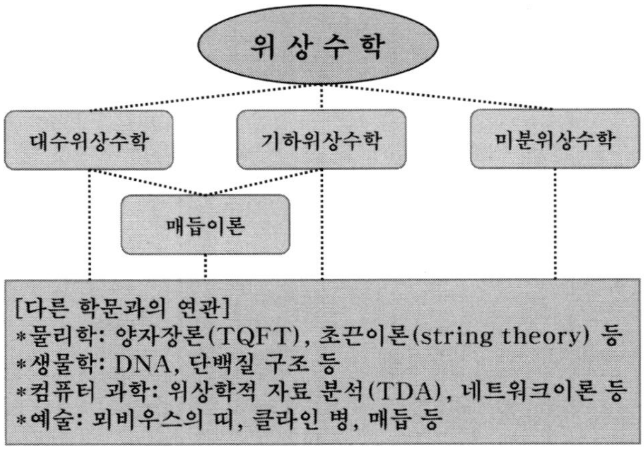

Fig. 7.8. 위상수학과 관련된 연구분야

3. 체비셰프거리공간(Chebyshev metric space)과 이산거리공간(discrete metric space)상의 1, 2, 3차원 열린 공(open ball)들을 그림으로 나타내어라.

4. 집합 $X = \{0, 1, 2, 3\}$에 대하여 $\mathscr{T} = \{\varnothing, \{0\}, \{0, 1\}, \{2\}, \{2, 3\}, X\}$는 X상에서 위상(topology)인가?

제 II 편

Applied Mathematics

CHAPTER 8

Numerical Analysis

(김필수 & 이민기)

Introduction

우리 학과의 표준개설모형은 여러가지 주요과목들 (대수학(Algebra), 위상수학(Topology), 기하학(Geometry), $\cdots$)을 2학년에서 4학년에 배치하고 있으며, 표준개설모형상에서 수치해석분야의 주요 과목은 2학년 해석학1, 해석학2, 수리계산론 그리고 3학년 수치해석학입문이다. 여기로부터 만약 수치해석분야를 대학원 과정을 통하여 전공하고자 하는 경우는 수치해석학1, 수치해석학2, 수치선형대수학이 대학원과정의 기본과목이라고 할 수 있다.

8.1 학과 표준개설모형과의 관계

우리 학과의 표준개설모형은 여러 가지 주요과목들 (대수학(Algebra), 위상수학(Topology), 기하학(Geometry), $\cdots$)을 2학년에서 4학년에 배치하고 있으며, 표준개설모형상에서 수치해석분야의 주요 과목은 2학년 해석학1, 해석학2, 수리계산론 그리고 3학년 수치해석학입문이다. 여기로부터 만약 수치해석분야를 대학원 과정을 통하여 전공하고자 하는 경우는 수치해석학1, 수치해석학2, 수치선형대수학이 대학원과정의 기본과목이라고 할 수 있다.

8.2 수치해석학은 무엇을 하는 분야일까?

수치해석학은 해석학(Analysis)의 한 분야이며, 거의 모든 과학과 공학 분야에서 수치해석학이 응용되고 있다. 그렇다면 수치해석학이 다루고자 하는 수학분야는 어떤 것들이며 학부과정 그리고 대학원 과정을 통하여 어떤 내용을 배우게 될까? 우선 첫 번째 질문에 대한 대답은 다음의 예제가 잘 설명하고 있다.

고등학교 교과과정 내용 중에 다음 연속함수의 최댓값 정리는 잘 알려져 있다.

Theorem 8.2.1. 구간 $[a, b]$에서 연속인 함수 $f(x)$는 구간에서 최댓값을 갖는다.

$f(x)$의 최댓값을 M이라 하면 정리에 의하여, 우리는 어떤 $c \in [a, b]$가 존재하여 $f(c) = M$이 됨을 안다. 이것은 존재성에 관한 우리의 지식이다. 그렇다면 다음의 질문을 생각해보자. 우리는 과연 최댓값을 갖도록 하는 c를 찾아낼 수 있을까?

이 질문에 대한 답은 간단하지 않다. 우선 다음과 같은 경사접근 방법을 생각해보자.

전략 1: $[a, b]$ 사이의 임의의 점 x_0로 부터 시작하여 기울기가 증가하는 방향으로 점을 움직여나가서 기울기가 0이 되는 점에서 멈춘다.

위의 전략은 매우 타당한 방법이지만 엄밀하게 이야기하여, 최댓값이 아닌 x_0의 한편에서 가장 가까운 극댓값을 찾아줄 뿐이다. 물론 찾은 극댓값이 최댓값일 수도 있다. 실수는 매우 특이하여 극댓값이 무한히 많은 연속함수를 생각해 낼 수 가 있는데, 가령 다음과 같은 함수

$$f(x) = \begin{cases} x \sin \dfrac{1}{x} & \text{if } x \neq 0, \\ 0 & \text{if } x = 0 \end{cases}$$

가 그런 예이다. 따라서 무한히 많은 횟수만큼 위의 전략을 실행하여도 최댓값에 다다른다고 수학적으로 주장할 수 없게 된다. (물론 위의 예는 극단적인 예일 뿐이며, 위의 전략 1말고도 최댓값을 효과적으로 찾는 여러 가지 전략(heuristics)은 많이 있으며 많은 실사례에서 잘 작동할 것이다.)

고등학교 교과과정 내용 중 또 다른 한 가지 정리를 살펴보자.

Theorem 8.2.2. 구간 $[a, b]$ 에서 연속인 함수 $f(x)$에 대하여 만약 $f(a) < 0$ 이고 $f(b) > 0$ 이면 구간 $[a, b]$ 안에 $f(c) = 0$ 인 c가 적어도 하나 존재한다.

위의 정리는 사잇값정리(Intermediate Value Theorem)에 의하여 참이다. 그렇다면 같은 질문을 던져보자. 우리는 $f(c) = 0$인 c를 찾아낼 수 있을까? 이 질문에 대한 대답은 '그렇다'이다. 다음의 전략을 생각해보자.

전략 2:

1. a, b에 대하여 $g = \dfrac{a+b}{2}$ 라고 하자. g 를 다음과 같이 업데이트하자.
2. 만약 $f(g) > 0$ 이면, b의 값을 g로 바꾸고 1번을 반복한다. 만약 $f(g) < 0$ 이면, a의 값을 g로 바꾸고 1번을 반복한다. $f(g) = 0$이면 목적 달성이므로 반복을 끝낸다.

업데이트 되는 g의 값들을 g_0, g_1, g_2, $\cdots$ 의 수열로 나타내면 어렵지 않게 수열 $\{g_n\}_{n=0}^{\infty}$ 가 $f(c) = 0$인 c 중의 하나로 수렴한다는 사실을 증명할 수 있다.

우리는 위의 두 가지 예에서 다음의 분명한 사실을 지적할 수 있다. 수학에는 수많은 정리들이 있고, 그 중 매우 중요한 유형은 특정한 수학적 Object의 존재성에 관한

정리들이다. 존재성 정리들은 수치해석학적 관점에서 두 가지로 나뉠 수 있어서, 하나의 종류에서는 존재하는 그 Object를 유한 번의 시도를 통하여 찾아낼 수 있거나 또는 셀 수 있는(Countable) 만큼의 무한 번의 횟수의 시도를 통하여 오차를 개선해나가는 방법론이 존재하지만, 다른 하나의 종류에서는 존재한다는 사실만 알 뿐, 일반적으로 그것을 찾아낼 수 있는 방법론이 존재하지 않는다.

첫 번째 종류에서는 사실상 우리가 무한 번의 시도를 할 수는 없더라도, 허용된 오차범위를 고정하는 경우 유한 번 안에 목적이 달성된다. 현대에서는 컴퓨터의 엄청난 발전으로 실수 연산이 초당 억 단위의 계산이 가능하다. 따라서 주어진 목적을 달성하는 방법론이 존재한다면 과거에 사람의 능력으로 가늠할 수 없었던 목적들을 수많은 경우 달성할 수 있다.

첫 번째 종류에 해당하는 정리와 수학적 내용이 있다면 무엇이든 수치해석학의 대상이라 할 수 있다. 전통적으로 대학의 수치해석학 교과목들에서는 크게 나누어 대략 세 가지 꼭지에 해당하는 내용을 가르치고 있다. 다음 절에서는 구체적으로 수치해석학 교과목에서 다루는 내용을 크게 세 가지 꼭지로 나누어 소개하고 있다.

수치해석학을 하기 위해서는 따라서 여러 가지 능력들이 요구된다. 우선은 컴퓨터를 통하여 방법론을 구현하여 목적을 달성하므로, 컴퓨터를 다루는 능력이 요구된다. 본 학과에서는 2학년 수리계산론이라는 과목을 통하여 비교적 진입장벽은 적으면서 활용도는 극도로 높은 Matlab과 Python을 실습 및 학습하도록 하고 있다. 컴퓨터공학과 또는 통계학과의 비슷한 프로그래밍 관련 교과과목과 비교하면, 우리 학과의 과목은 조금 더 수학적 문제 해결에 방점이 놓여있다고 할 수 있다. 타학과 프로그래밍 관련 과목 이수도 권장된다.

또한 수치해석학을 통하여 해결하고자 하는 대상 분야에 대한 이해가 요구된다. 대표적으로는 해석학, 선형대수학, 미분방정식론 등이 있으며, 연구하고자 하는 대상에 따라 위상수학, 기하학 등의 분야에 대한 이해가 요구될 수도 있다. 또한 응용하고자 하는 분야에 따라, 공학, 의학, 생물학 등의 지식이 필요할 수도 있다. 수치해석학은 학제적 연구가 가능한 대표적인 분야라고 하겠다.

가장 중요한 것으로는, 컴퓨터를 통하여 해결하고자 하는 문제의 방법론을 개발하거나, 개발된 특정 방법론의 타당성을 정립하는 것이다. 누구나 컴퓨터를 이용하여 무엇이든 계산할 수 있지만, 그것이 실제 수학적 과학적으로 활용될 수 있을 수준의 계산을 하고 그 근거를 명확히 제시하는 일은 수치해석학의 영역이 된다. 따라서 수치해석학자는 해석학의 이용자로서 해석학의 제반 내용을 잘 사용할 수 있어야 하며, 전공자는 해석학 트랙의 커리큘럼을 상당부분 이수하는 것이 권장된다.

현대에서는 물리학, 화학, 생물학, 기계공학, 재료공학, 전자공학, 금융, 경제, 사회과학 등 거의 모든 분야에서 수치해석이 이용되고 있으며, 이는 당연히 놀랄만한 일이 아니다. 우리 학과의 수치해석학 과목들을 통하여 망라한 응용분야의 전문가들과 상호 교류하며 학문의 경계점에서 수학을 활용할 수 있는 인재가 될 수 있다면 우리 학과에서 매우 성공적인 커리큘럼 이수 사례라고 할 수 있다.

8.3 수치해석학 교과과정의 내용들

8.3.1 Numerical Evaluation & Approximation

개략적으로 나눈 것이지만, 이 꼭지에서 다루는 내용들은 다음과 같다.

1. 고차 연립 대수방정식의 해찾기
    - Newton's method, Minimization, Fixed point 정리, 등등을 배운다.
2. 주어진 데이터포인트들 (x_j, y_j), $j = 1, \cdots, N$ 로부터 다항함수로 Interpolation 하기
    - Polynomial 또는 Piecewise polynomial Interpolation 에 대하여 배운다.
3. 특수함수 또는 일반적인 연속함수를 Evaluation 또는 근사
    - Orthogonal polynomial, Chebyshev polynomial, Least square 등에 대하여 배운다.
4. 수치적분

- 주어진 연속함수의 리만합근사, Gaussian Quadrature 등에 대하여 배운다.

8.3.2 수치선형대수학

선형대수학의 대부분의 내용은 수치해석학의 매우 중요한 요소가 된다.

1. 선형시스템 $Ax = b$의 해 x를 계산하기
   - Gaussian Elimination
   - LU factorization
   - Conjugate Gradient Method
   - Many iterative methods
2. 매트릭스 A의 여러가지 factorization
   - QR factorization
   - Gram-schmidt process
   - Schur factorization
3. 매트릭스 A의 불변공간과 고유치 문제 $Ax = \lambda x$.
   - Eigenvalue decomposition
   - Schur factorization
   - Power methods
   - Householder reflection

8.3.3 수치편미분방정식

수치편미분방정식은 수치해석학의 가장 큰 분야 중의 하나이다. 편미분방정식론의 스펙트럼이 방대한 만큼 그에 해당하는 수치편미분방정식론의 스펙트럼 또한 방대하다.

1. 비선형 동역학 시스템과 Initial Value Problem
    - 주로 Finite Difference Method 에 기반한 방법론들이 있다.
    - Runge-Kutta methods,
    - Multi-step methods,
    - Backward Difference methods
    - Stability Analysis
2. Hyperbolic partial differential equations
    - 주로 Finite Volume Method 또는 Finite Difference Method에 기반한 방법론들을 적용해본다.
    - Upwind scheme
    - Godunov scheme
    - High resultion methods
    - Shocks
3. Elliptic 또는 Parabolic partial differential equations
    - Finite Element Method에 기반한 방법론을 적용해본다.
    - Lagrange Finite element
    - Raviart-Thomas element, Nedelec element
    - Poisson problem, Stoke's problem, Heat equation.

8.4 수리 유체 및 고체 역학 시스템

이 절에서는 현대수학의 소개로서 여러가지 역학시스템에 대하여 소개하고 해당 분야에서 응용수학의 역할에 대하여 이야기해 본다.

물리학은 수학의 가장 큰 응용분야라고 할 수 있다. 자연현상에 대한 연구를 망라하는 물리학의 다양한 분야는 고전역학, 양자역학, 상대성이론, 열역학, 유체 역학, 고체 역학 등 매우 방대하다. 자연현상에 대한 연구는 기본적으로 물리학의 영역에 속하는 주제이지만, 해당 분야의 발전에 있어서는 수학자들도 활발히 활약하고 있으며 다양한 방법으로 공헌하고 있다.

이 절에서는 그 분야 중에서 기체, 액체, 고체에 대한 역학 그리고 열역학을 간략히 소개하고자 한다. 그 전에 우선 간단한 사례로부터 여러가지 역학적 시스템을 고찰해 보자. 여기에서는 특히 각 역학시스템을 특정하는 상태벡터가 어떤 벡터 스페이스의 원소로 기술되는지를 눈여겨 보도록 하자.

8.4.1 Mechanics of a point particle

3차원 상에 던져진 야구공은 무게중심에 해당하는 하나의 점으로 추상화 된다. 3차원상의 무게중심의 위치를 $\mathbf{x}_{cm}$, 그 속도를 $\mathbf{v}_{cm}$이라 하면, $(\mathbf{x}, \mathbf{v}) \in \mathbb{R}^6$ 으로 나타낼 수 있다. 공간에 만약 $U(x)$의 힘의 포텐셜이 정의 되어 있고, 공의 질량이 m이라면, 뉴튼의 제2법칙

$$m\frac{d^2\mathbf{x}}{dt^2}(t) = -\nabla U(\mathbf{x}(t))$$

이 이 시스템의 물리법칙이 될 것이다. 또는

$$\frac{d\mathbf{x}}{dt}(t) = \mathbf{v}(t)$$
$$m\frac{d\mathbf{v}}{dt}(t) = -\nabla U(\mathbf{x}(t))$$

와 같이 쓸 수도 있다.

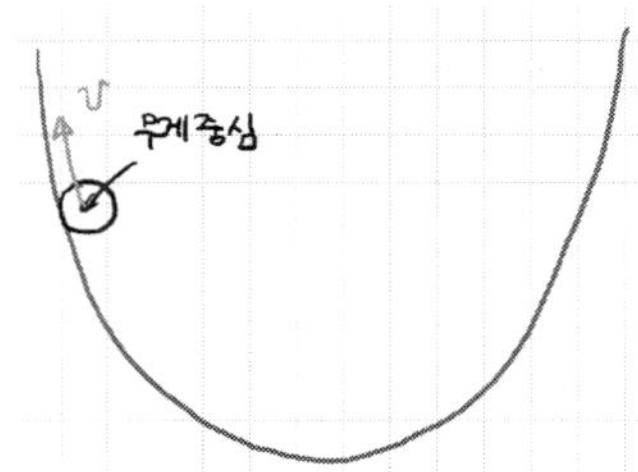

Fig. 8.1. A particle under a potential.

8.4.2 Mechanics of a Rigid Body

강체(Rigid Body)란 내부적으로 모양이 변하지 않는 물체를 말한다. Point particle system의 point가 여러 개 또는 연속적으로 무한개 있는 경우로 생각할 수 있는데, 각 point particle들의 상대위치가 고정되어 있는 경우이다. 비행기와 같은 바디가 강체로 묘사될 수 있는 예라고 할 수 있다. 위의 point particle과 마찬가지로 무게중심 $\mathbf{x}_{cm}$와 그 속도 $\mathbf{v}_{cm}$ 가 강체의 한 상태를 말해준다. 강체의 경우에는 이에 더하여 강체의 Orientation과 각속도를 기술하여야 완벽한 상태를 나타낼 수 있다. 3차원에서 하나의 Orientation을 기술하는 데에는 3개의 degrees of freedom이 필요한데, 대표적으로 Euler's Angles (α, β, γ)를 사용할 수 있다. 강체는 제자리에서 회전이 일어날 수 있어서, 각속도를 기술하여야 한다. 따라서 모든 degrees of freedom을 고려하면 강체의 상태는 $\mathbb{R}^{12}$의 벡터로 기술될 수 있다. 이 경우의 물리법칙도 역시 뉴튼의 제2법칙이다.

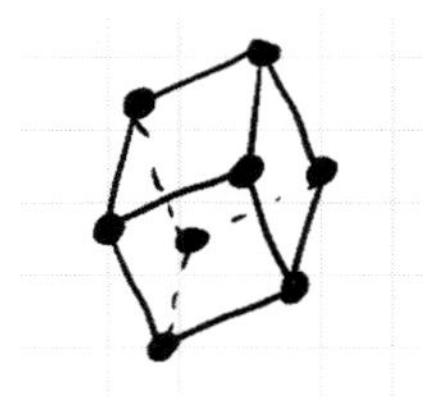

Fig. 8.2. A particle under a potential.

8.4.3 2 Body System

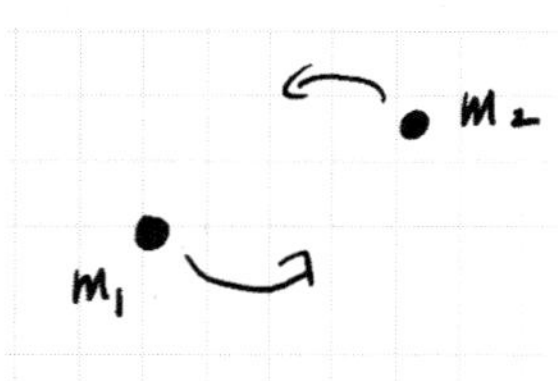

Fig. 8.3. Two point particles.

Point particle이 2개 있는 시스템을 고려해보자. 이 경우는 강체 시스템이 아닌, 두 점 사이의 상대위치가 시간에 따라 변화하는 경우이다. 각 점의 상태를 기술하기 위해 $(\mathbf{x}_{1cm}, \mathbf{v}_{1cm}) \in \mathbb{R}^6$ 과 $(\mathbf{x}_{2cm}, \mathbf{v}_{2cm}) \in \mathbb{R}^6$ 이 각각 필요하다. 따라서 이 시스템의 상태벡터는 $\mathbb{R}^{12}$ 원소로 추상화된다. 물론 이 시스템의 법칙 역시 뉴튼의 제2법칙이다.

8.4.4 Mechanics of a Deformable Body

무한 개의 point particle을 가질 수 있는 강체의 특성과 서로 간의 상대위치의 변화가 허용된 2 Body 시스템의 특성을 모두 가지는 경우이다. 가량 풍선의 잘라진 조각을 떠올려보면, 분명히 야구공처럼 단단하지 않아서 늘이거나 당길수 있고, 또한 그러한 변형이 풍선조각 모든 점에서 일어날 수 있다. 이 경우에 상태를 기술하는 하나의 방법은 다음과 같이 모든점을 모니터링 하는 것이다. 기준상태의 바디를 $\Omega_0 \subset \mathbb{R}^3$의 부분집합으로 나타내고 그 한 점을 $\mathbf{X} \in \Omega_0$라 하자. 한 점 X로부터 변형된 새로운 위치벡터 $\mathbf{x} \in \Omega$, $\Omega \subset \mathbb{R}^3$ 로의 맵핑 $\varphi : \Omega_0 \to \Omega$을 생각하면, 이 함수 φ의 모든 정보가 상태를 기술한다.

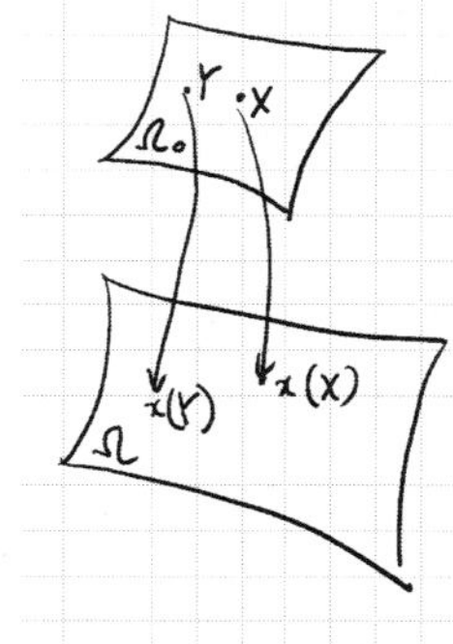

Fig. 8.4. A deformable body.

8.4.5 Thermodynamics of a gas

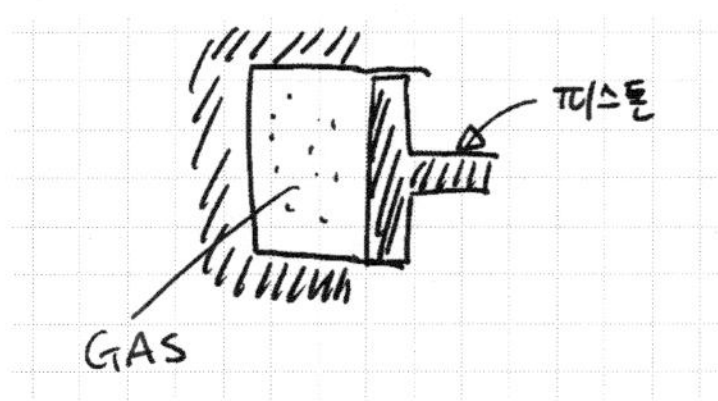

Fig. 8.5. Gas in cylinder.

왼쪽 그림과 같이 피스톤이 달린 채 가두어진 기체를 생각해 보자. 이 기체분자 각각이 아닌 전체로서의 거시적 기체시스템 상태를 기술하기 위해서 부피, 총 질량, 압력, 온도, 에너지, 엔트로피 등의 물리량이 이용된다. 가령 피스톤을 서서히 바깥으로 당기게 되면, 부피가 늘어나고 온도는 감소한다. 각 물리량들은 모두 독립적이지 않고 이상기체이론에 따라 관련되어 있다.

8.4.6 열전도 방정식

역학적인 요소가 전혀 고려되지 않은 어떠한 바디 안에서 이루어지는 열에너지 교환에 대하여 고려해보자. 이 경우는 힘, 운동량 등의 요소는 고려 대상이 아니고 해당 바디는 제자리에서 떨림, 충돌 등에 의한 것으로 간주되는 또는 양자역학적 설명을 통한 열에너지를 교환하게 된다. 열에너지 교환은 온도 차이에 의하여 이루어지며,

온도가 높은 곳에서 낮은 곳으로 열에너지가 흐르게 된다. 이러한 열에너지 교환이 온도 차에 선형적으로 비례하는 경우를 푸리에 법칙이라고 하며, 다음과 같이 나타낸다.

$$\mathbf{q} = -k\nabla\theta, \quad \theta\text{는 온도.}$$

푸리에 열법칙이 성립할때, 바디 각 점에서의 온도변화는 열에너지 보존법칙에 의하여

$$\frac{\partial}{\partial t}e(\theta(x)) = -\mathrm{div}\,(\mathbf{q}) = \mathrm{div}\,(k\nabla\theta), \quad e(\theta)\text{는 열에너지}$$

인데, 위의 방정식을 열방정식(heat equation)이라고 한다.

8.4.7 수리 유체 및 고체 역학 시스템

기체, 액체, 고체의 상태변화를 기술하기 위하여 위의 Deformable Body와 같은 추상화를 생각할 수 있다. 위에서 소개한 역학적 요소와 함께 많은 경우 온도, 에너지, 엔트로피 변화를 함께 고려하여야 한다. Deformable Body에 대하여 뉴튼의 제2법칙을 적용하고, 에너지변화에 대한 방정식과 함께 고려하는 다양한 모델들은 상태벡터함수에 관한 편미분방정식 시스템으로 형식화된다. 기체, 액체, 고체를 기술하는 편미분방정식에 관한 연구는 매우 재미있고, 전통적으로 중요한 문제 중의 하나이다. 물리학 뿐만 아니라 수치해석학, 편미분방정식론, 재료공학 등 다양한 측면의 연구주제가 방대한 스펙트럼을 형성하고 있으며, 수학적으로는 많은 난제를 남겨두고 있는 도전적인 분야라고 하겠다.

CHAPTER 9

Tomography

(문성환)

Introduction

Compturized Tomography, or CT for short, which is an important tool in medical imaging since its introduction in the 1970s, is one of main area of inverse problems. An inverse problem in science is the process of calculating from a set of observations the causal factors that produced them. The reason why is called an inverse problems is that one calculates the causes from the effect. In other words, it is the inverse of a forward problem, which calculates the effects from the causes.

Inverse problems are one of the most important mathematical problems in mathematics and science because they tell us about parameters that we cannot directly observe. They have wide application in optics, radar, acoustics, signal processing, medical imaging, geophysics, oceanography, astronomy, natural language processing, nondestructive testing, MACHINE LEARNING, and many other fields.

9.1 기본개념

단층촬영(토모그래피, Tomography)는 'slice, section(단면)'이라는 뜻을 가진 고대 그리스어 'tomos'와 'to write(쓰다)'라는 뜻을 가진 'grapho'로 이루어진 합성어이다. 단층촬영는 불투명한 물체 안의 정보를 얻는 것을 목적으로 한다. 이때, 그 물체를 통과하는 어떤 신호(signal)를 이용하는 데 X-선, γ-선, 라디오파(radio waves), 마이크로파(microwaves), 빛 등 다양한 주파수를 가지는 전자기파(Electromagnetic waves) 혹은 초음파 등이 대표적인 예이다. 단층촬영에 쓰이는 장치를 토모그래프(Tomograph) 그리고 생성된 영상(image)를 토모그램(Tomogram)이라고 한다. 신호의 종류에 따라 다양한 단층촬영이 존재한다.

이름	신호의 종류	약자	도입 연도
Electrical impedance tomography	전기 저항 (Electrical impedance)	EIT	1984
Magnetic resonance imaging	핵 자기 (Nuclear magnetic moment)	MRI	
Optical diffusion tomography	빛의 흡수 (Absorption of light)	ODT	
Photoacoustic imaging in biomedicine	Photoacoustic spectroscopy	PAT	
Positron emission tomography	양전자 방출 (Positron emission)	PET	
Radio tomography	라디오 (radio)		
Seismic tomography	지진파 (Seismic waves)		
Single photon emission computed tomography	γ-선	SPECT	
X-ray computed tomography	X-선	CT	1971

전산화 단층촬영(Computerized Tomography, CT)은 측정된 데이터로부터 수학 혹은 컴퓨터를 이용하여 영상을 만들어내는 방식의 하나이다. 우리가 흔히 알고 있는 X-선 전산화 단층촬영은 다양한 각도에서 촬영한 많은 X-선 데이터를 사용하여 환자의 특정 영역에 대한 단면 이미지를 생성한다. 이때, 의사는 환자를 해부하지 않고 안을 관찰할 수 있는 것이 핵심이다. (이렇게 개체를 해부 혹은 절단하지 않고

개체 안의 정보를 얻는 것을 비파괴 검사(nondestructive testing)라고 한다.)

물리학자로 미국 Tufts university에 재직 중이었던 Allan Cormack은 입자물리학을 연구하면서 X-선 기술에 대한 관심으로 X-ray CT의 기본 원리를 1963년에 Journal of Applied physics에 발표하였다 [2]. 전기공학자로 미국 Massachusetts Institute of Technology에 재직 중이었던 Godfrey Hounsfield는 국외 출장 중에 물체 주위의 모든 각도에서 X-선을 판독하면 상자 안의 물건을 파아학 수 있다는 아이디어를 생각하여 '슬라이스'로 개체의 영상을 생성할 수 있는 전산화 단층촬영을 처음으로 제안하였다. 1971년 10월에 영국 런던 Wimbledon에 있는 Atkinson Morley 병원의 뇌낭종 환자에게 CT 기기(scan)를 도입하였고 1975년에 전신 CT 기기를 제작하였다. 이 공로를 인정받아 Allan Cormack과 Godfrey Hounsfield는 1979년에 노벨 생리학·의학상을 수상하였다.

단층촬영의 다른 분야에서의 사용

전산화 단층촬영은 의료기기로써 도입이 되었지만 산업을 포함한 다양한 분야에 적용이 가능하다.

- 지질학에서 지진파를 이용하여 지구 내부 구조를 파악
- 지진파를 이용하여 지하의 석유나 지하수 위치 파악
- 공항에서 X-선을 이용하여 화물 및 수하물을 검색
- X-선 CT 기기를 사용하여 산업기기 내부 부품 검사
- 박물관 유물의 영상 및 보존

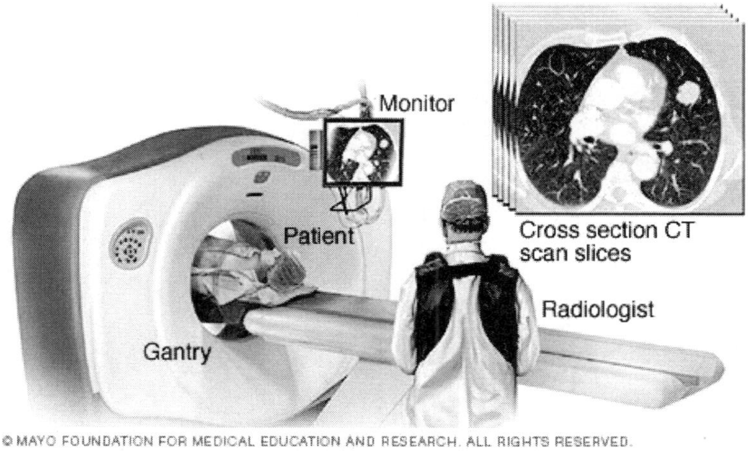

(a) X-선 CT 기기

(b) Allan Cormack

(c) Godfrey Hounsfield

Fig. 9.1. X-선 CT 기기와 그 제작자들

9.1.1 기본 수학 개념

이변수 함수

Definition 9.1.1. D를 공집합이 아닌 평면 $\mathbb{R}^2$의 부분 집합이라고 하자. 집합 D의 각 점 $\mathbf{x} = (x_1, x_2)$에 대응하는 실수 y가 유일하게 정해질 때, 이 대응을

$$f : D \longrightarrow \mathbb{R}^2, \quad y = f(\mathbf{x})$$

로 표시하고 f를 두 변수 x_1, x_2에 대한 이변수 함수(function of two variables)라 한다. 이때, 집합 D를 f의 정의역(domain)이라 하고 치역(range)는 정의역안의 모든 순서쌍 $\mathbf{x}$에 대한 함숫값들의 집합 $\{y = f(\mathbf{x}) : \mathbf{x} \in D\}$이다. f의 그래프(graph)는 $\mathbb{R}^3$에서 $\mathbf{x} \in D$이고 $y = f(\mathbf{x})$인 모든 점 $(\mathbf{x}, y)$의 집합이다.

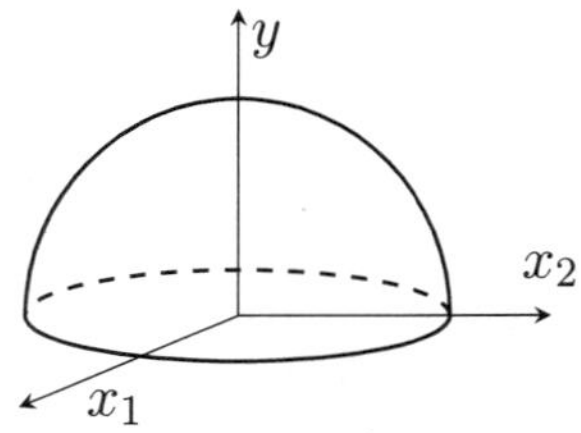

Fig. 9.2. 반구

Example 9.1.2. 이변수 함수 $f(\mathbf{x}) = \sqrt{4 - x_1^2 - x_2^2}$의 정의역은 $x_1^2 + x_2^2 \le 2$ 이고 치역은 $0 \le f(\mathbf{x}) \le 2$이다. 그리고 이 함수 f의 그래프는 그림 9.2와 같은 반구이다.

Definition 9.1.3. f를 점 (a,b)를 포함한 열린 집합에서 정의된 이변수 함수라고 하자. 임의의 양수 $\epsilon > 0$에 대하여 $\delta > 0$가 존재하여 $0 < \sqrt{(x_1 - a)^2 + (x_2 - b)^2} < \delta$일 때마다 $|f(\mathbf{x}) - L| < \epsilon$을 만족하면, 상수 L을 함수 $f(\mathbf{x})$의 점 (a,b)에서의 극한(limit)이라고 한다. 기호로는

$$\lim_{\mathbf{x}\to(a,b)} f(\mathbf{x}) = L$$

로 나타낸다.

$$\lim_{\mathbf{x}\to(a,b)} f(\mathbf{x}) = f(a,b)$$

이면 f가 점 (a,b)에서 연속(continuous)이라고 한다. 아니면 불연속이라고 한다. 만약 집합 $D \subset \mathbb{R}^2$의 모든 점에서 연속이면 f는 D에서 연속이라고 한다.

함수 $f(\mathbf{x})$의 정의역 $D \subset \mathbb{R}^2$안의 점 (a,b)에서 극한값

$$\lim_{h\to 0} \frac{f(a+h,b) - f(a,b)}{h}$$

이 존재하면 $f(\mathbf{x})$는 점 (a,b)에서 x_1에 관하여 편미분가능(partial differentiable)하다고 하며 이 극한값을 점 (a,b)에서 x_1에 관한 $f(\mathbf{x})$의 편미분 계수라 한다. $\partial_{x_1} f(a,b)$, 또는 $\frac{\partial}{\partial x_1} f(a,b)$ 등으로 나타낸다. 함수 $f(\mathbf{x})$가 정의역 D의 모든 점에서 x_1에 관하여 편미분가능하면 $f(\mathbf{x})$는 D에서 x_1에 관하여 편미분 가능하다고 한다. 또한,

$$\partial_{x_1} f(\mathbf{x}) = \frac{\partial}{\partial x_1} f(\mathbf{x}) = \lim_{h\to 0} \frac{f(x_1+h, x_2) - f(\mathbf{x})}{h}$$

는 x_1에 관한 $f(\mathbf{x})$의 편도함수(partial derivative)이다.

비슷한 방법으로 점 (a,b)에서 x_2에 관한 $f(\mathbf{x})$의 편미분 계수는

$$\partial_{x_2} f(a,b) = \frac{\partial}{\partial x_2} f(a,b) = \lim_{h\to 0} \frac{f(a+h,b)-f(a,b)}{h}$$

이고 x_1에 관한 $f(\mathbf{x})$의 편도함수는

$$\partial_{x_2} f(\mathbf{x}) = \frac{\partial}{\partial x_2} f(\mathbf{x}) = \lim_{h\to 0} \frac{f(x_1, x_2+)-f(\mathbf{x})}{h}$$

이다.

함수 $y = f(\mathbf{x})$가 편미분가능하고 그의 편도함수 $\partial_{x_1} f$와 $\partial_{x_2} f$들이 또 편미분 가능할 때, 이들의 편도함수들을 f의 2차 편도함수(second partial derivative)라 한다. 기호로 아래와 같이 쓴다.

$$\begin{aligned}
\partial_{x_1}^2 f(\mathbf{x}) &= \partial_{x_1}(\partial_{x_1} f(\mathbf{x})) = \frac{\partial^2}{\partial x_1^2} f(\mathbf{x}) \\
\partial_{x_1}\partial_{x_2} f(\mathbf{x}) &= \partial_{x_1}(\partial_{x_2} f(\mathbf{x})) = \frac{\partial^2}{\partial x_1 \partial x_2} f(\mathbf{x}) \\
\partial_{x_2}\partial_{x_1} f(\mathbf{x}) &= \partial_{x_2}(\partial_{x_1} f(\mathbf{x})) = \frac{\partial^2}{\partial x_2 \partial x_1} f(\mathbf{x}) \\
\partial_{x_2}^2 f(\mathbf{x}) &= \partial_{x_2}(\partial_{x_2} f(\mathbf{x})) = \frac{\partial^2}{\partial x_2^2} f(\mathbf{x})
\end{aligned}$$

그리고 2차원에서 라플라시안(Laplacian) $\triangle_{\mathbf{x}}$은 다음과 같이 정의된다. $\triangle_{\mathbf{x}} f = \partial_{x_1}^2 f + \partial_{x_2}^2 f$

이러한 편도함수 혹은 라플라시안(Laplacian)은 셋 또는 그 이상의 다변수 함수에 대해서도 역시 정의된다. f가 여러 번 편미분 가능한 함수일때, $\partial_{x_1}\partial_{x_2} f(\mathbf{x}) = \partial_{x_2}\partial_{x_1} f(\mathbf{x})$이다.

Example 9.1.4. 이변수 함수 $f(\mathbf{x}) = e^{x_3}\cos(x_1)\ln(x_2)$일 때,

$$\begin{aligned}
\partial_{x_1} f(\mathbf{x}) &= -e^{x_3}\sin(x_1)\ln(x_2) \\
\partial_{x_1}\partial_{x_1} f(\mathbf{x}) &= -\frac{e^{x_3}\sin(x_1)}{x_2} \\
\partial_{x_2}^2 f(\mathbf{x}) &= -\frac{e^{x_3}\cos(x_1)}{x_2^2} \\
\triangle_{\mathbf{x}} f(\mathbf{x}) &= e^{x_3}(-\cos(x_1)\ln(x_2) - \frac{\cos(x_1)}{x_2^2} + \cos(x_1)\ln(x_2))
\end{aligned}$$

이다.

중적분과 선적분

x_1x_2 평면상의 닫힌 부분 집합 D를 포함하는 한 직사각형을 그린다. 그리고 이 직사각형을 축에 평행인 가로 세로선으로 세분하고 D에 완전히 속하는 직사각형을 $A_1, A_2, \cdots, A_n$이라 하고, 그것의 넓이를 $\Delta A_1, \Delta A_2, \cdots, \Delta A_n$으로 나타내자. 이 분할된 작은 직사각형 내에서 임의의 한점을 각각 $(x_{1,1}^*, x_{2,1}^*), (x_{1,2}^*, x_{2,2}^*), \cdots,$ $(x_{1,n}^*, x_{2,n}^*)$이라 할 때, 연속 함수 $y = f(\mathbf{x})$에 대한 리만 합(Rimman sum)은

$$S_n = \sum_{k=1}^{n} f(x_{1,k}^*, x_{2,k}^*)\Delta A_k$$

이다.

Definition 9.1.5. 함수 $y = f(\mathbf{x})$가 닫힌 집합 $D \subset \mathbb{R}^2$에서 연속이면 극한값

$$\lim_{\max \Delta A_k \to 0} S_n = \lim_{\max \Delta A_k \to 0} \sum_{k=1}^{n} f(x_{1,k}^*, x_{2,k}^*)\Delta A_k$$

은 항상 존재하고 이 값을 $y = f(\mathbf{x})$의 D 상에서의 이중적분이라고 하고

$$\iint_D f(\mathbf{x}) \mathrm{d}A$$

라고 쓴다.

Fubini의 정리에 의해 함수 $y = f(\mathbf{x})$가 닫힌 집합 $D = [a, b] \times [c, d] = \{\mathbf{x} \in \mathbb{R}^2 :$

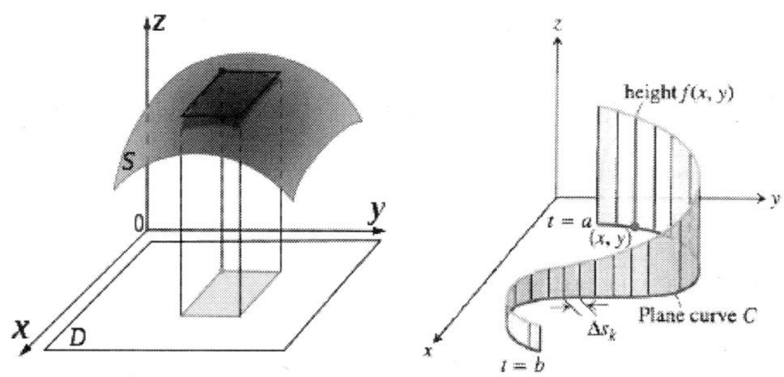

(a) 중적분 (b) 선적분

Fig. 9.3. 중적분과 선적분

$a \leq x_1 \leq b, c \leq x_2 \leq d\}$ 에서 연속이면

$$\iint_D f(\mathbf{x})\mathrm{d}A = \int_a^b \int_c^d f(\mathbf{x})\mathrm{d}x_2\mathrm{d}x_1 = \int_c^d \int_a^b f(\mathbf{x})\mathrm{d}x_1\mathrm{d}x_2$$

이다.

평면 위의 곡선 C를 따라서 이변수 함수 f의 적분을 생각해 보자. C는 길이가 유한한 곡선일 때, 곡선 C를 n개의 부분곡선으로 분할하고 분할 점을 시점으로부터 종점까지 $P_0(x_{1,0}, x_{2,0}), P_1(x_{1,1}, x_{2,1}), \cdots, P_n(x_{1,n}, x_{2,n})$이라 하자. C_k를 두 점 P_{k-1}과 P_k 사이의 부분곡선이라 하고 Δs_k를 부분 곡선 C_k의 길이이라 할 때, C_k에 위치한 임의의 점 $P_k^*(x_{1,k}^*, x_{2,k}^*)$를 선택하여 정적분의 정의에서 처럼 리만합 $\sum_{k=1}^n f(x_{1,k}^*, x_{2,k}^*)\Delta s_k$을 생각하자.

Definition 9.1.6. 만약 극한값 $\lim_{\max \Delta A_k \to 0} \sum_{k=1}^n f(x_{1,k}^*, x_{2,k}^*)\Delta s_k$이 존재하면 이 극한값을 C상의 f의 선적분(line integral)이라 하고

$$\int_C f(\mathbf{x})\mathrm{d}s = \lim_{\max \Delta s_k \to 0} \sum_{k=1}^n f(x_{1,k}^*, x_{2,k}^*)\Delta s_k$$

라고 쓴다.

Fourier 급수와 변환

이 장에서는 함수 f가 좋은 함수라고 가정할 것이다. 여기서 좋은 함수라 하면 우리가 원하는 만큼 미분이 가능하고 실수 전체 집합 $\mathbb{R}^n, n = 2, 3$에서 적분도 가능하다.

오일러 정리에 의해 $e^{\mathrm{i}\theta} = \cos\theta + \mathrm{i}\sin\theta$이다.

Definition 9.1.7. 일변수 함수 f가 2π를 주기로 하는 주기함수 이고 $[-\pi, \pi]$에서 적분가능하다.

$$\sum_{l=-\infty}^{\infty} c_n e^{\mathrm{i}l\theta}, \qquad c_n = \frac{1}{2\pi}\int_{-\pi}^{\pi} f(\theta)\mathrm{d}\theta$$

를 f의 푸리에 급수라 한다.

f가 좋은 함수일 때,

$$f(\theta) = \sum_{l=-\infty}^{\infty} c_n e^{\mathrm{i}l\theta}$$

이다. (여기서 $\sum_{l=-\infty}^{\infty} c_n e^{\mathrm{i}l\theta}$의 의미를 자세히 다루지는 않겠다.)

Definition 9.1.8. 일변수 함수 f가 $\mathbb{R}^n, n = 1, 2, 3$에서 적분가능한 함수이면 f의 Fourier 변환(transform)은 아래와 같이 정의된다. $\boldsymbol{\xi} \in \mathbb{R}^n$에 대하여

$$\mathcal{F}f(\boldsymbol{\xi}) = \int_{\mathbb{R}^n} f(\mathbf{x}))e^{-\mathrm{i}\mathbf{x}\cdot\boldsymbol{\xi}}\mathrm{d}\mathbf{x}$$

여기서 만약 $n = 1$이면 $x \cdot \xi$는 곱이고 만약 $n = 2, 3$이면 $\mathbf{x} \cdot \boldsymbol{\xi}$는 내적이다.

f가 좋은 함수일 때,

$$f(\mathbf{x}) = \frac{1}{(2\pi)^n}\int_{\mathbb{R}^n} \mathcal{F}f(\boldsymbol{\xi})e^{\mathrm{i}\mathbf{x}\cdot\boldsymbol{\xi}}\mathrm{d}\boldsymbol{\xi} \tag{9.1}$$

이다. 이를 Fourier 역변환이라고 부른다.

9.2 CT 기기 절차

함수 $f(\mathbf{x})$가 주어졌을 때, 이 함수 f의 선적분 $\int_L f(\mathbf{x})\mathrm{d}l(\mathbf{x})$ 주는 변환을 라돈 변환이라고 부르며 CT에서의 목적은 라돈 변환을 알았을 때, f를 구하는 것이 된다. 라돈 변환으로부터 f를 구하는 식을 역변환 공식(Inversion formula) 이라고 부른다.

9.3 Radon 변환

직선은 직선의 법선 벡터와 원점에서까지의 거리로 표현이 가능하다. 즉, $\boldsymbol{\omega} \in S^1 = \{\mathbf{x} \in \mathbb{R}^2 : |\mathbf{x}| = 1\}$에 수직이고 원점에서 s만큼 떨어진 직선 $L(\boldsymbol{\omega}, s)$는

$$L(\boldsymbol{\omega}, s) = \{(\mathbf{x} \in \mathbb{R}^2 : \boldsymbol{\omega} \cdot \mathbf{x} = s\}$$

이다. 그래서 라돈 변환 Rf는 다음과 같이 정의한다.

Definition 9.3.1. 함수 f가 $\mathbb{R}^2$에서 적분가능한 함수이면 $(\boldsymbol{\omega}, s) \in S^1 \times \mathbb{R}$에 대하여

$$Rf(\boldsymbol{\omega}, s) = \int_{\mathbb{R}} f(s\boldsymbol{\omega} + \tau\boldsymbol{\omega}^{\perp}) \mathrm{d}\tau$$

이다. 여기서 $\boldsymbol{\omega}^{\perp} = (\sin\theta, -\cos\theta)$로 $\boldsymbol{\omega} = (\cos\theta, \sin\theta)$와 수직인 단위벡터이다.

우리는 라돈 변환 Rf의 변수 중 s의 범위를 양수뿐 아니라 음수까지 고려하였으며 이때, 라돈 변환은 아래와 같은 좋은 성질들이 존재한다.

- 우함수: $Rf(\boldsymbol{\omega}, s) = Rf(-\boldsymbol{\omega}, -s)$
- 이동 불변(shift invariance): $(T_{\mathbf{a}}f)(\mathbf{x}) := f(\mathbf{x} + \mathbf{a}), (t_p g)(\boldsymbol{\omega}, s) := g(\boldsymbol{\omega}, s + p)$ 일 때,
$$R(T_{\mathbf{a}}f)(\boldsymbol{\omega}, s) = t_{\mathbf{a}\cdot\boldsymbol{\omega}} Rf(\boldsymbol{\omega}, s)$$
- 회전 불변(rotation invariance): M이 2차원 평면에서 회전하는 행렬이면
$$R(f(M\mathbf{x}))(\boldsymbol{\omega}, s) = Rf(M\boldsymbol{\omega}, s)$$

9.3.1 역변환 공식

1963년에 Allan Cormack이 CT의 기본원리가 되는 이론을 발표하여 1979년 노벨상을 받았으나 사실 그 전인 1917년에 Johann Karl August Radon이 먼저 라돈 변환의 역변환 공식을 발견하여 발표를 하였다 [10]. 처음 Johann Radon이 발표하였을 때, 본인도 단지 흥미로운 발견이라고 생각하여 발표하였고 이 이론이 X-선에 이용될 줄 몰랐다. 그래서 잊혀졌다가 Allan Cormack이 Fourier 급수를 이용하여 새로운 역변환 공식을 만들었다.

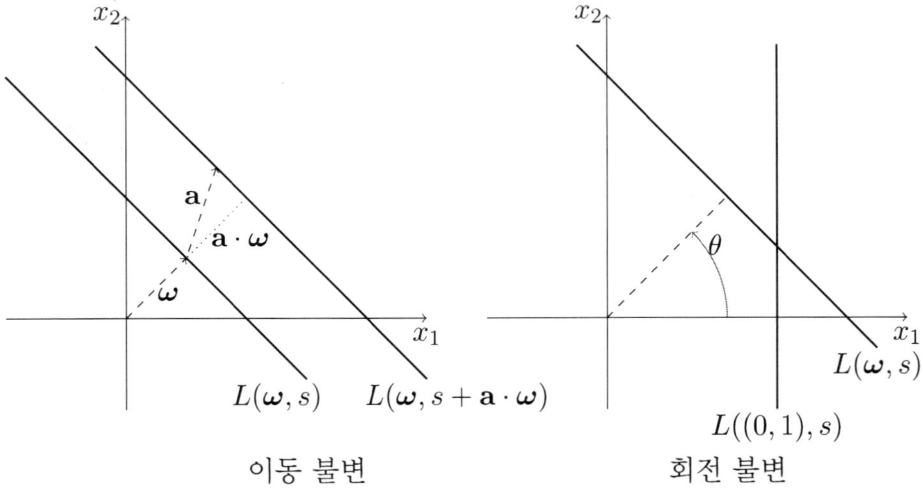

Fig. 9.4. 이동 불변과 회전 불변

Johann Radon이 처음 역변환 공식을 구할 때, Fourier 변환을 이용하지 않았으나 Fourier 변환을 이용하면 쉽게 유도가 가능하다.

Theorem 9.3.2 (Fourier slice 정리)**.** 함수 f가 좋은 함수이면

$$\mathcal{F}f(\sigma\boldsymbol{\omega}) = \mathcal{F}_s(Rf)(\boldsymbol{\omega}, \sigma)$$

이다. 여기서 $\mathcal{F}_s(Rf)$는 Rf의 s에 대한 Fourier 변환이다.

Proof Rf에 s에 대한 Fourier 변환을 취하고 라돈 변환의 정의를 이용하면

$$\mathcal{F}_s(Rf)(\boldsymbol{\omega}, \sigma) = \int_{\mathbb{R}} Rf(\boldsymbol{\omega}, s)e^{-\mathrm{i}s\sigma}\mathrm{d}s = \int_{\mathbb{R}}\int_{\mathbb{R}} f(s\boldsymbol{\omega} + t\boldsymbol{\omega}^{\perp})\mathrm{d}t\, e^{-\mathrm{i}s\sigma}\mathrm{d}s$$

이다. 여기서 $\mathbf{x} = s\boldsymbol{\omega} + t\boldsymbol{\omega}^{\perp}$로 치환하면

$$\mathcal{F}_s(Rf)(\boldsymbol{\omega}, \sigma) = \int_{\mathbb{R}^2} f(\mathbf{x})e^{-\mathrm{i}\mathbf{x}\cdot\sigma\boldsymbol{\omega}}\mathrm{d}\mathbf{x} = \mathcal{F}f(\sigma\boldsymbol{\omega})$$

이다. □

이 Fourier slice 정리는 다음과 같은 역변환 아이디어를 제공한다.

$$Rf(\boldsymbol{\omega}, s) \overset{\mathcal{F}_s}{\Longrightarrow} \mathcal{F}_s(Rf)(\boldsymbol{\omega}, \sigma) = \mathcal{F}f(\sigma\boldsymbol{\omega})(\text{F.S. 정리}) \overset{\mathcal{F}^{-1}}{\Longrightarrow} f(\mathbf{x})$$

실제로 위와 같은 아이디어를 이용하면 아래 역변환 공식이 구해진다. (증명은 [9]를 참고)

Theorem 9.3.3 (역변환공식). 함수 f가 좋은 함수이면

$$f(\mathbf{x}) = \frac{1}{4\pi^2}\int_0^{2\pi} P.V. \int_{\mathbb{R}} \frac{\partial s Rf(\boldsymbol{\omega}, \tau)\mathrm{d}\tau}{\mathbf{x}\cdot\boldsymbol{\omega} - \tau}\mathrm{d}\theta, \qquad \boldsymbol{\omega} = (\cos\theta, \sin\theta) \tag{9.2}$$

이다.

여기서 P.V.는 Cauchy principal value로써 일반적인 정적분으로 값을 구할 수 없는 일부 이상적분의 값을 구하는 방법 중 하나이다. 조금 더 자세히, 함수 $f : \mathbb{R} \to \mathbb{R}$가 x_0 근처에서 발산할 때, x_0를 포함한 구간 $[a, b]$에서의 적분은

$$P.V. \int_a^b f(x)\mathrm{d}x = \lim_{\epsilon\to 0+}\int_a^{x_0-\epsilon} f(x)\mathrm{d}x + \lim_{\epsilon\to 0-}\int_{x_0+\epsilon}^b f(x)\mathrm{d}x$$

이다.

9.3.2 그 외 여러 문제들

라돈 변환이 주어졌을 때, 우리는 다음과 같은 문제들을 생각할 수 있다.

- 역변환 공식: 어떻게 라돈 변환으로부터 f를 구할 수 있는가?
- 알고리듬(Algorithm)과 수치적 시뮬레이션(Numerical simulation): 구한 역변환 공식이 실현가능한가?
- 안정성(stability estimate): 라돈 변환에 소음(noise)가 있을 때, f를 구하는 과정에 얼마나 영향을 미치는가?
- 부분 데이터(partial data): 라돈 변환 Rf가 일부 값만 알 때, f에 대해 어떤 정보를 얻을 수 있는가?
- 치역조건(range description): 라돈 변환이 꼭 만족해야 하는 조건들은 무엇인가? 즉 어떤 정의역이 주어졌을 때, 라돈 변환의 치역은?

수치적 시뮬레이션

그림 9.5는 식 (9.2)를 수치적으로 시뮬레이션한 결과이다. (a)가 모형이고 이 모형에 대해 라돈 변환 Rf를 직접 계산한 후 역변환 공식 (9.2)를 적용시켜 얻은 결과가 (b)이다.

실제에서는 CT 기기를 통해 단면, 즉 2차원의 영상들을 제공하고 이 많은 영상들을 차례로 쌓아 올려 3차원 영상을 제공한다. (그림 9.6)

안정성

X, Y를 함수들의 집합이라고 하자. 그러면 라돈 변환은 X에서 Y로 가는 함수로 생각할 수 있다. 다시 말해, R은 X에 속한 함수 f를 받아 Y에 속하는 다른 함수 Rf로 보내는 함수로 생각할 수 있다. 이 때, 우리는 이 함수R를 작용소(operator) 혹은 변환(transform)라고 부른다. X, Y에서의 노름(norm)이 $||\cdot||_X$, $||\cdot||_Y$라고 할 때, 만약 X에 있는 함수 f에 대해

$$c_1||f||_X \le ||Rf||_Y \le c_2||f||_X \tag{9.3}$$

를 만족하는 상수 c_1, c_2가 존재한다면 소음(noise) $\epsilon > 0$에 대해 $Rf + \epsilon$이 우리가 실제로 받는 데이터이다. 그러면

$$||f - R^{-1}(Rf + \epsilon)||_X = ||R^{-1}\epsilon||_X \le c_1^{-1}||\epsilon||_Y$$

이 되어 Rf에서 f를 재구성할 때 소음 ϵ은 적게 영향을 미친다. 그리고 실제로 Rf는 특정 함수 공간(function space)에 대해여 위 부등식 (9.3)을 만족시키는 상수

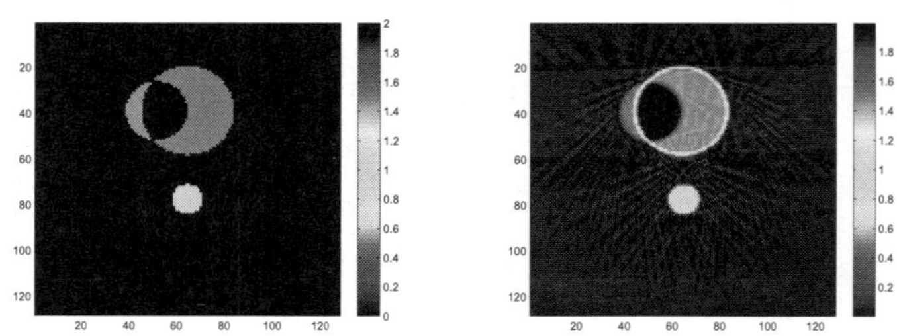

(a) 모형(Phantom) (b) 결과

Fig. 9.5. 수치적 시뮬레이션 과정

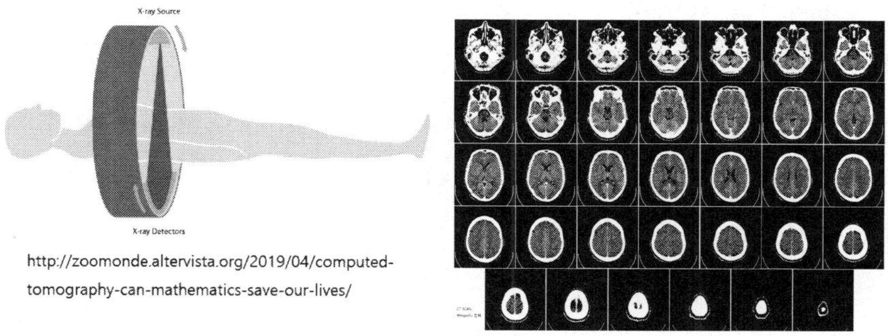

Fig. 9.6. 3차원 영상

c_1, c_2가 존재한다. (자세한 결과는 [9]를 참고)

부분데이터

> 명제 : 함수 $f(\mathbf{x})$가 $|\mathbf{x}| > 1$에서 0이면 $Rf(\boldsymbol{\omega}, s)$는 $|s| > 1$에서 0이다.

여기서 역은 성립하겠는가? f가 충분히 좋은 함수이면 위 명제의 역도 성립한다. 즉, 만약 $Rf(\boldsymbol{\omega}, s)$는 $|s| > 1$에서 0이면 $f(\mathbf{x})$가 $|\mathbf{x}| > 1$에서 0이다.

9.4 포토어코스틱 단층촬영

포토어코스틱 단층촬영(Photoacoustic Tomography, PAT)는 1880년 Alexander Graham Bell [1]이 발견한 포토어코스틱 효과(photoacoustic effect)를 기반으로 하는 의료 영상 기법이다. 포토어코스틱 단층촬영은 영상의 해상도와 대조성을 높이면서 가격은 줄이고 건강의 부정적인 영향을 줄이려고 노력하면서 나온 방법이다. 사실 일반적으로 이러한 목표들은 모순적인데, 예를 들어 광학 단층촬영(optical tomography)는 싸고 안전하면서 높은 대조를 주지만 저해상도를 갖는 반면 일부 고해상도를 주는 초음파 영상(ultrasound imaging)은 종종 좋은 대조를 주지 못한다. 최근에 이 물리적 성질이 다른 두 신호 빛과 초음파를 결합하여 두 신호의 장점만 취하고 단점을 없애는 방법이 소개되었고 이를 기반으로 하는 영상 기법 중 가장 성공적인 예가 PAT이다.

PAT에서 비이온화 레이저 펄스(non-ionizing laser pulses)를 우리가 내부정보를 알고 싶은 생물학적 조직에 자극을 시킨다. 자극된 에너지 중 일부는 흡수되어 열로 변환되어 일시적인 열 탄성 팽창을 일으키고 그래서 광대역 초음파가 방출된다. 생성된 초음파는 PAT 장치에서 측정됩니다. 이렇게 측정된 데이터는 생물학적 조직 안의 영상을 생성하는 데 쓰인다.

생성된 초음파는 파동방정식(wave equation)을 따르는 데 이 방정식은 아래와 같다.

$$\begin{cases} \partial_t^2 u(\mathbf{x},t) = c^2(\mathbf{x})\triangle_{\mathbf{x}} u(\mathbf{x},t), \quad t \geq 0, \quad \mathbf{x} \in \mathbb{R}^3 \\ u(\mathbf{x},0) = f(\mathbf{x}), \\ \partial_t u(\mathbf{x},0) = 0 \end{cases}$$

여기서 $c(\mathbf{x})$는 $\mathbf{x}$에서 초음파의 속도이다. 초음파가 흡수되기 때문에 PAT에서 측정된 데이터는 위 파동 방정식의 해 u이다. 또한 흡수된 에너지는 생리학적 특성과 밀접한 관련이 있는 것으로 알려져 있으며 이는 초기 상태 $f(\mathbf{x})$를 표현한다. 조금 더 자세히 말하면 암세포는 일반세포보다 3 4배의 에너지를 흡수한다고 알려져 있어 u로 부터 f를 구할 수 있다면 암세포의 위치를 알 수 있다. 하지만 우리가 보고자 하는 물체 내부까지 PAT 장치를 설치할 수 없기 때문에 데이터 u는 공간적인 제한이 생긴다. 즉 $\Gamma \subset \mathbb{R}^3$가 PAT 장치가 설치된 2차원 곡면이라고 한다면 우리가 얻는 데이터는 $u(\mathbf{x},t)|_{\Gamma\times[0,\infty)}$이 된다. 그래서 PAT의 목적은 아래와 같다.

> PAT의 목적: $u(\mathbf{x},t)|_{\Gamma\times[0,\infty)}$로 부터 초깃값 f를 구하는 것

이때 $u(\mathbf{x},t)|_{\Gamma\times[0,\infty)}$에서 f를 구하는 식을 역변환 공식이라 부른다.

위 내용은 대부분 두 참고문헌 [6, 7]에서 참고하였다.

9.4.1 역변환 공식과 수치적 시뮬레이션

다양한 $\Gamma \subset \mathbb{R}^3$를 생각할 수 있지만 가장 기본은 평면, 구, 원기둥이다.

3차원에서 Γ가 x_1x_2 평면이고 $c(\mathbf{x}) = 1$ 일 때, 아래와 같은 역변환 공식이 구해진다.

$$f(\mathbf{x}) = \frac{x_3}{\pi}\int_{\mathbb{R}^2} t^{-1}\partial_t t^{-1} u(p_1, p_2, |\mathbf{x} - (p_1, p_2, 0)|)\mathrm{d}p_1\mathrm{d}p_2, \qquad \mathbf{x} \in \mathbb{R}^3$$

(사실 $\Gamma \subset \mathbb{R}^3$가 구, 원기둥일 때도 위와 같은 역변환 공식이 구해진다 [12].)

그림 9.7은 오스트리아에 있는 비파괴검사 연구소(Research Center for Non-Destructive Testing, RECENDT)에서 모형을 실험하여 얻어진 결과이다. 물과 우유를 섞어 사람 세포의 빛 흡수 성질을 묘사했고 실리콘 고리로 암세포를 묘사하였다. 그리고 파란색은 PAT 장치들이 있는 위치로 Γ이다. (실제로는 Compressed sensing을 이용한 결과이나 이 내용은 책 범위에 벗어나므로 깊게 언급하진 않는다.)

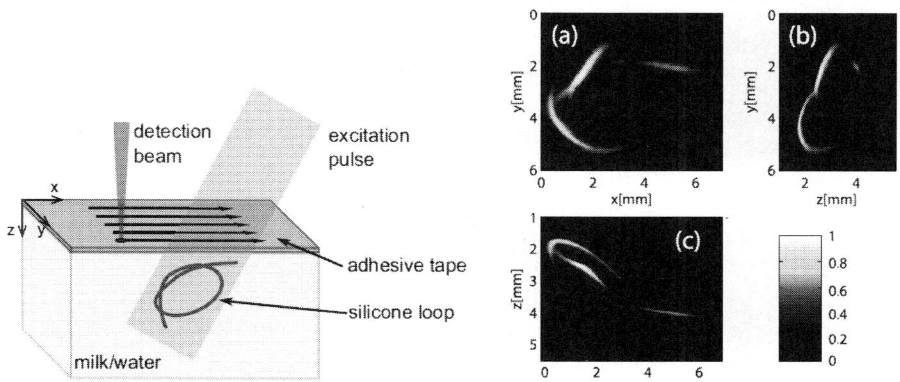

Fig. 9.7. 비파괴검사 연구소 실험

9.5 Exercises

1. 임의의 양수 a에 대해 함수 f가 아래와 같이 정의 될 때, f의 Fourier 변환을 구하여라.

$$f(x) = \begin{cases} 1 & \text{if } |x| \le a \\ 0 & \text{otherwise.} \end{cases}$$

2. $f(\mathbf{x}) = \begin{cases} 1 & \text{if } |\mathbf{x}| \le 1 \\ 0 & \text{otherwise} \end{cases}$, $\mathbf{x} \in \mathbb{R}^2$일 때, $(\boldsymbol{\omega}, s) \in S^1 \times \mathbb{R}$에 대한 $Rf(\boldsymbol{\omega}, s)$를 구하여라.

3. $u(x,t) = (2\pi)^{-1} \int_{\mathbb{R}} \mathcal{F}f(\xi) e^{\mathrm{i}x\xi} \cos(\xi t) \mathrm{d}\xi$가 다음 일차 파동방정식의 해임을 보이시오.

$$\begin{aligned} \partial_t^2 u(x,t) &= \partial_x^2 u(x,t) \quad (x,t) \in \mathbb{R} \times [0,\infty), \\ u(x,0) &= f(x) \\ \partial_t u(x,0) &= 0. \end{aligned}$$

참고 문헌

[1] A.G. Bell. On the production and reproduction of sound by light. *American Journal of Science*, 20:305–324, October 1880.

[2] A.M. Cormack. Representation of a function by its line integrals, with some radiological applications. *Journal of Applied Physics*, 34(9):2722–2727, 1963.

[3] F. H. Croom. *Principles of Topology.* Saunders series. Cengage Learning, 2002.

[4] C. Godsil and G. Royle. *Algebraic Graph Theory*, volume 207 of *Graduate Texts in Mathematics.* Graduate Texts in Mathematics. Springer, 2001.

[5] A. Hatcher. *Algebraic Topology.* Algebraic Topology. Cambridge University Press, 2002.

[6] P. Kuchment. *The Radon Transform and Medical Imaging.* CBMS-NSF Regional Conference Series in Applied Mathematics. Society for Industrial and Applied Mathematics, 2014.

[7] P. Kuchment and L. Kunyansky. Mathematics of thermoacoustic tomography. *European Journal of Applied Mathematics*, 19:191–224, 2008.

[8] J. Munkres. *Topology.* Prentice Hall, 2000.

[9] F. Natterer. *The Mathematics of Computerized Tomography.* Classics in Applied Mathematics. Society for Industrial and Applied Mathematics, Philadelphia, 2001.

[10] J. Radon. On the determination of functions from their integral values along certain manifolds. *IEEE Transactions on Medical Imaging*, 5(4):170–176, Dec 1986.

[11] Douglas B. West. *Introduction to Graph Theory.* Prentice Hall, 2 edition, 2000.

[12] M. Xu and L.V. Wang. Universal back-projection algorithm for photoacoustic computed tomography. *Physical Review E*, 71(1):016706, 2005.

현대수학의 소개

지은이 김성권 · 김성학 · 김필수 · 문성환 · 박종육 · 배용주
서애령 · 양승엽 · 오제한 · 이민기 · 임정욱 · Mark Siggers
펴낸이 조경희
펴낸곳 경문사
펴낸날 2019년 12월 23일 1판 1쇄
등 록 1979년 11월 9일 제 1979-000023호
주 소 04057, 서울특별시 마포구 와우산로 174
전 화 (02)332-2004 팩스 (02)336-5193
이메일 kyungmoon@kyungmoon.com
facebook facebook.com/kyungmoonsa

값 12,000원

ISBN 979-11-6073-330-3

★ 경문사 홈페이지에 오시면 즐거운 일이 생깁니다.
http://www.kyungmoon.com

한국과학기술출판협회 회원사